动物疫病防控手册

纪爱英◎主编

中国农业大学出版社
·北京·

内 容 简 介

本书主要内容包括动物疫病预防控制常用法律法规摘录、现行动物疫病防控组织体系及框架、动物疫病监测及流行病学调查、动物疫病防控实用技术，系统地对动物疫病防控工作的各个环节做了讲解和指导，理论与实践并重。同时，章节分配合理，条目性强，方便工作中即查即用。

图书在版编目(CIP)数据

动物疫病防控手册／纪爱英主编. —北京：中国农业大学出版社，2018.8(2019.9 重印)

ISBN 978-7-5655-2090-7

Ⅰ.①动… Ⅱ.①纪… Ⅲ.①兽疫-防疫-手册 Ⅳ.①S851.3-62

中国版本图书馆 CIP 数据核字(2018)第 179513 号

书　　名 动物疫病防控手册

作　　者 纪爱英　主编

策划编辑 赵　中　　**责任编辑** 王艳欣

封面设计 郑　川

出版发行 中国农业大学出版社

社　　址 北京市海淀区圆明园西路 2 号　　**邮政编码** 100193

电　　话 发行部 010-62818525,8625　　读者服务部 010-62732336

编辑部 010-62732617,2618　　出　版　部 010-62733440

网　　址 http://www.caupress.cn　　**E-mail** cbsszs@cau.edu.cn

经　　销 新华书店

印　　刷 涿州市星河印刷有限公司

版　　次 2018 年 8 月第 1 版　　2019 年 9 月第 2 次印刷

规　　格 787×1 092　16 开本　14 印张　250 千字　插页 1

定　　价 45.00 元

图书如有质量问题本社发行部负责调换

编 审 人 员

主　　编　纪爱英

副 主 编　程　龙　孙　岐　陈清亮　王皓婷

编写人员　纪爱英　程　龙　孙　岐　陈清亮　王皓婷
赵素杏　徐润田　袁　英　张彦昌　董晓坤
郭　欣　刘彦昌　刘艳莉　张　良　孙冰玉
范　畅　张晶晶

主　　审　程向忠

前　言

动物疫病防控工作是保证畜牧业健康发展的重要组成部分，是《中华人民共和国动物防疫法》赋予各级动物疫病预防控制机构的法定职责。基层兽医工作人员作为动物疫病防控工作的主体，工作的合法化、规范化、科学化水平对于整体防控工作具有重要的影响。随着《国家中长期动物疫病防治规划(2012—2020年)》的出台，新形势下国家动物疫病防控策略的制定和重点动物疫病防治计划的实施，对基层兽医工作人员的能力提出了更高的要求。

为了促进畜牧业的健康发展，加强动物疫病防控机构建设，提高基层兽医工作人员的业务素质，我们编写了《动物疫病防控手册》一书。本书主要内容包括动物疫病预防控制常用法律法规摘录、现行动物疫病防控组织体系及框架、动物疫病监测及流行病学调查、动物疫病防控实用技术，涵盖了基层兽医工作人员在开展动物疫病防控工作中所涉及的大部分理论基础知识和实践操作程序。本书内容丰富精练、简明实用，对基层疫病防控工作有重要的指导意义，既可作为动物疫病防控部门的培训教材，又可作为实际工作中的工具书籍。

由于编者能力所限，书中疏漏和错误之处敬请各级兽医工作人员批评指正，并恳海涵。

编者

2018年6月

目 录

第一章 动物疫病预防控制常用法律法规摘录 …… 1
第一节 动物疫病防控相关法律法规 …… 1
一、中华人民共和国动物防疫法 …… 1
二、中华人民共和国传染病防治法 …… 6
三、重大动物疫情应急条例 …… 7
四、畜禽标识和养殖档案管理办法 …… 7
五、河北省动物消毒管理办法 …… 9
六、河北省动物防疫条例 …… 11
七、河北省动物饲养场防疫管理办法 …… 12
八、河北省实施《重大动物疫情应急条例》办法 …… 12
九、河北省动物重点疫病预防控制扑灭管理办法 …… 13
第二节 疫情处置相关法律法规 …… 15
一、中华人民共和国动物防疫法 …… 15
二、中华人民共和国传染病防治法 …… 17
三、重大动物疫情应急条例 …… 17
四、国家突发重大动物疫情应急预案 …… 22
五、动物疫情报告管理办法 …… 30
六、病死及死因不明动物处置办法(试行) …… 31
七、河北省动物防疫条例 …… 33
八、河北省实施《重大动物疫情应急条例》办法 …… 34
九、河北省动物重点疫病预防控制扑灭管理办法 …… 37
第三节 动物疫病监测及流行病学调查相关法律法规 …… 37
一、中华人民共和国动物防疫法 …… 37
二、中华人民共和国传染病防治法 …… 38

三、重大动物疫情应急条例…… 38
四、国家突发重大动物疫情应急预案…… 38
五、动物疫情报告管理办法…… 39
六、河北省实施《重大动物疫情应急条例》办法…… 40
七、河北省动物重点疫病预防控制扑灭管理办法…… 40
第四节 生物制品相关法律法规 …… 40
一、中华人民共和国兽药管理条例…… 40
二、兽用生物制品经营管理办法…… 40
三、河北省兽药经营质量管理规范实施细则…… 42
第五节 河北省重大动物疫情应急物资储备指导意见 …… 43
第六节 兽用生物制品冷链建设和管理的原则及相关法律、法规、文件 …… 48
一、相关法律、法规、文件…… 48
二、冷链建设和管理总体要求…… 49
三、冷链配置的原则…… 49
四、冷链管理需要制定的相关制度…… 50
第二章 现行动物疫病防控组织体系及框架 …… 51
第一节 动物疫病的分类 …… 51
一、一类动物疫病…… 51
二、二类动物疫病…… 51
三、三类动物疫病…… 52
第二节 当前动物疫病防控政策 …… 53
第三节 动物疫病预防控制机构和队伍 …… 54
一、市动物疫病预防控制中心的主要职责…… 55
二、县动物疫病预防控制中心的主要职责…… 55
三、基层动物防疫监督站的主要职责…… 56
四、村级防疫员的主要职责…… 56
第四节 动物防疫工作的组织实施 …… 57
一、组织动员…… 57
二、责任落实…… 57
三、资金物资保障…… 63
四、技术培训…… 63

五、强制免疫疫苗供应 …… 64
六、集中强制免疫 …… 66
七、督导落实 …… 66
八、检查验收 …… 67
第三章 动物疫病监测及流行病学调查 …… 72
第一节 兽医实验室的管理与运行 …… 72
一、兽医实验室日常管理各项制度 …… 72
二、兽医实验室分级及各级实验室相关要求 …… 77
三、实验室质量管理体系 …… 80
第二节 流行病学调查 …… 82
一、抽样设计 …… 82
二、流行病学监测 …… 87
三、动物疫病风险分析 …… 89
第四章 动物疫病防控实用技术 …… 94
第一节 实验室常用检测方法及判定标准 …… 94
一、血清学试验 …… 94
二、病原学试验 …… 121
三、试验结果的记录 …… 126
第二节 流行病学采样技术 …… 132
一、采样前应当准备的用品、材料和试剂 …… 132
二、采样时间 …… 132
三、样品的采集 …… 133
四、采样注意事项 …… 135
第三节 免疫接种实用技术 …… 136
一、免疫接种前的准备 …… 136
二、免疫接种方法和操作 …… 143
三、免疫副反应的处理和预防 …… 150
第四节 疫苗贮藏实用技术 …… 151
一、兽用生物制品相关的基本概念 …… 151
二、疫苗的作用 …… 152
三、疫苗的种类和特点 …… 152

四、疫苗标签 …… 153
五、疫苗的贮藏和管理 …… 154
第五节　兽医消毒实用技术 …… 156
一、消毒方法 …… 156
二、消毒液的配制 …… 159
三、影响消毒效果的因素 …… 163
四、器具消毒 …… 164
五、畜舍空气、粪便污物及污水消毒 …… 166
六、养殖场的消毒 …… 171
七、孵化场的消毒 …… 173
八、隔离场的消毒 …… 174
第六节　动物疫病诊断实用技术 …… 175
一、重大动物疫病 …… 175
二、人畜共患传染病 …… 179
三、常见禽病 …… 182
四、常见猪病 …… 188
五、常见牛羊病 …… 192
六、外来病 …… 197
第七节　疫情处置相关实用技术 …… 199
一、动物疫情定义 …… 199
二、动物疫情管理原则 …… 200
三、动物疫情报告制度 …… 200
四、重大动物疫情的认定 …… 201
五、动物疫情认定流程 …… 201
六、重大动物疫情报告期间 …… 202
七、确定动物疫情后 …… 202
八、应急处理人员的安全防护 …… 203
九、终止动物疫情应急响应，撤销封锁 …… 203
十、撤销后注意事项 …… 203
十一、几种动物疫情 …… 204
附录　国家法律法规规范与标准名录 …… 209
参考文献 …… 211

第一章　动物疫病预防控制常用法律法规摘录

第一节　动物疫病防控相关法律法规

一、中华人民共和国动物防疫法

第三条　本法所称动物，是指家畜家禽和人工饲养、合法捕获的其他动物。

本法所称动物产品，是指动物的肉、生皮、原毛、绒、脏器、脂、血液、精液、卵、胚胎、骨、蹄、头、角、筋以及可能传播动物疫病的奶、蛋等。

本法所称动物疫病，是指动物传染病、寄生虫病。

本法所称动物防疫，是指动物疫病的预防、控制、扑灭和动物、动物产品的检疫。

第四条　根据动物疫病对养殖业生产和人体健康的危害程度，本法规定管理的动物疫病分为下列三类：

（一）一类疫病，是指对人与动物危害严重，需要采取紧急、严厉的强制预防、控制、扑灭等措施的；

（二）二类疫病，是指可能造成重大经济损失，需要采取严格控制、扑灭等措施，防止扩散的；

（三）三类疫病，是指常见多发、可能造成重大经济损失，需要控制和净化的。

前款一、二、三类动物疫病具体病种名录由国务院兽医主管部门制定并公布。

第五条　国家对动物疫病实行预防为主的方针。

第六条　县级以上人民政府应当加强对动物防疫工作的统一领导，加强基层动物防疫队伍建设，建立健全动物防疫体系，制定并组织实施动物疫病防治规划。

乡级人民政府、城市街道办事处应当组织群众协助做好本管辖区域内的动物疫病预防与控制工作。

第七条 国务院兽医主管部门主管全国的动物防疫工作。

县级以上地方人民政府兽医主管部门主管本行政区域内的动物防疫工作。

县级以上人民政府其他部门在各自的职责范围内做好动物防疫工作。

军队和武装警察部队动物卫生监督职能部门分别负责军队和武装警察部队现役动物及饲养自用动物的防疫工作。

第九条 县级以上人民政府按照国务院的规定，根据统筹规划、合理布局、综合设置的原则建立动物疫病预防控制机构，承担动物疫病的监测、检测、诊断、流行病学调查、疫情报告以及其他预防、控制等技术工作。

第十三条 国家对严重危害养殖业生产和人体健康的动物疫病实施强制免疫。国务院兽医主管部门确定强制免疫的动物疫病病种和区域，并会同国务院有关部门制定国家动物疫病强制免疫计划。

省、自治区、直辖市人民政府兽医主管部门根据国家动物疫病强制免疫计划，制订本行政区域的强制免疫计划；并可以根据本行政区域内动物疫病流行情况增加实施强制免疫的动物疫病病种和区域，报本级人民政府批准后执行，并报国务院兽医主管部门备案。

第十四条 县级以上地方人民政府兽医主管部门组织实施动物疫病强制免疫计划。乡级人民政府、城市街道办事处应当组织本管辖区域内饲养动物的单位和个人做好强制免疫工作。

饲养动物的单位和个人应当依法履行动物疫病强制免疫义务，按照兽医主管部门的要求做好强制免疫工作。

经强制免疫的动物，应当按照国务院兽医主管部门的规定建立免疫档案，加施畜禽标识，实施可追溯管理。

第十五条 县级以上人民政府应当建立健全动物疫情监测网络，加强动物疫情监测。

国务院兽医主管部门应当制定国家动物疫病监测计划。省、自治区、直辖市人民政府兽医主管部门应当根据国家动物疫病监测计划，制定本行政区域的动物疫病监测计划。

动物疫病预防控制机构应当按照国务院兽医主管部门的规定，对动物疫病的发生、流行等情况进行监测；从事动物饲养、屠宰、经营、隔离、运输以及动物产品生产、经营、加工、贮藏等活动的单位和个人不得拒绝或者阻碍。

第十六条 国务院兽医主管部门和省、自治区、直辖市人民政府兽医主管部门应当根据对动物疫病发生、流行趋势的预测，及时发出动物疫情预警。地方各级人民政府接到动物疫情预警后，应当采取相应的预防、控制措施。

第十七条 从事动物饲养、屠宰、经营、隔离、运输以及动物产品生产、经营、加工、贮藏等活动的单位和个人，应当依照本法和国务院兽医主管部门的规定，做好免疫、消毒等动物疫病预防工作。

第十八条 种用、乳用动物和宠物应当符合国务院兽医主管部门规定的健康标准。

种用、乳用动物应当接受动物疫病预防控制机构的定期检测；检测不合格的，应当按照国务院兽医主管部门的规定予以处理。

第十九条 动物饲养场(养殖小区)和隔离场所，动物屠宰加工场所，以及动物和动物产品无害化处理场所，应当符合下列动物防疫条件：

(一)场所的位置与居民生活区、生活饮用水源地、学校、医院等公共场所的距离符合国务院兽医主管部门规定的标准；

(二)生产区封闭隔离，工程设计和工艺流程符合动物防疫要求；

(三)有相应的污水、污物、病死动物、染疫动物产品的无害化处理设施设备和清洗消毒设施设备；

(四)有为其服务的动物防疫技术人员；

(五)有完善的动物防疫制度；

(六)具备国务院兽医主管部门规定的其他动物防疫条件。

第二十一条 动物、动物产品的运载工具、垫料、包装物、容器等应当符合国务院兽医主管部门规定的动物防疫要求。

染疫动物及其排泄物、染疫动物产品，病死或者死因不明的动物尸体，运载工具中的动物排泄物以及垫料、包装物、容器等污染物，应当按照国务院兽医主管部门的规定处理，不得随意处置。

第二十二条 采集、保存、运输动物病料或者病原微生物以及从事病原微生物研究、教学、检测、诊断等活动，应当遵守国家有关病原微生物实验室管理的规定。

第二十三条 患有人畜共患传染病的人员不得直接从事动物诊疗以及易感染动物的饲养、屠宰、经营、隔离、运输等活动。

人畜共患传染病名录由国务院兽医主管部门会同国务院卫生主管部门制定并公布。

第二十四条 国家对动物疫病实行区域化管理，逐步建立无规定动物疫病区。无规定动物疫病区应当符合国务院兽医主管部门规定的标准，经国务院兽医主管部门验收合格予以公布。

本法所称无规定动物疫病区，是指具有天然屏障或者采取人工措施，在一定期限内没有发生规定的一种或者几种动物疫病，并经验收合格的区域。

第五十三条 动物诊疗机构应当按照国务院兽医主管部门的规定，做好诊疗活动中的卫生安全防护、消毒、隔离和诊疗废弃物处置等工作。

第五十五条 经注册的执业兽医，方可从事动物诊疗、开具兽药处方等活动。但是，本法第五十七条对乡村兽医服务人员另有规定的，从其规定。

执业兽医、乡村兽医服务人员应当按照当地人民政府或者兽医主管部门的要求，参加预防、控制和扑灭动物疫病的活动。

第五十七条 乡村兽医服务人员可以在乡村从事动物诊疗服务活动，具体管理办法由国务院兽医主管部门制定。

第六十二条 县级以上人民政府应当将动物防疫纳入本级国民经济和社会发展规划及年度计划。

第六十三条 县级人民政府和乡级人民政府应当采取有效措施，加强村级防疫员队伍建设。

县级人民政府兽医主管部门可以根据动物防疫工作需要，向乡、镇或者特定区域派驻兽医机构。

第六十四条 县级以上人民政府按照本级政府职责，将动物疫病预防、控制、扑灭、检疫和监督管理所需经费纳入本级财政预算。

第六十五条 县级以上人民政府应当储备动物疫情应急处理工作所需的防疫物资。

第六十六条 对在动物疫病预防和控制、扑灭过程中强制扑杀的动物、销毁的动物产品和相关物品，县级以上人民政府应当给予补偿。具体补偿标准和办法由国务院财政部门会同有关部门制定。

因依法实施强制免疫造成动物应激死亡的，给予补偿。具体补偿标准和办法由国务院财政部门会同有关部门制定。

第六十七条 对从事动物疫病预防、检疫、监督检查、现场处理疫情以及在工作中接触动物疫病病原体的人员，有关单位应当按照国家规定采取有效的卫生防护措施和医疗保健措施。

第六十八条 地方各级人民政府及其工作人员未依照本法规定履行职责的，对直接负责的主管人员和其他直接责任人员依法给予处分。

第七十一条 动物疫病预防控制机构及其工作人员违反本法规定，有下列行为之一的，由本级人民政府或者兽医主管部门责令改正，通报批评；对直接负责的主管人员和其他直接责任人员依法给予处分：

（一）未履行动物疫病监测、检测职责或者伪造监测、检测结果的；

（二）发生动物疫情时未及时进行诊断、调查的；

（三）其他未依照本法规定履行职责的行为。

第七十二条 地方各级人民政府、有关部门及其工作人员瞒报、谎报、迟报、漏报或者授意他人瞒报、谎报、迟报动物疫情，或者阻碍他人报告动物疫情的，由上级人民政府或者有关部门责令改正，通报批评；对直接负责的主管人员和其他直接责任人员依法给予处分。

第七十三条 违反本法规定，有下列行为之一的，由动物卫生监督机构责令改正，给予警告；拒不改正的，由动物卫生监督机构代作处理，所需处理费用由违法行为人承担，可以处一千元以下罚款：

（一）对饲养的动物不按照动物疫病强制免疫计划进行免疫接种的；

（二）种用、乳用动物未经检测或者经检测不合格而不按照规定处理的；

（三）动物、动物产品的运载工具在装载前和卸载后没有及时清洗、消毒的。

第七十四条 违反本法规定，对经强制免疫的动物未按照国务院兽医主管部门规定建立免疫档案、加施畜禽标识的，依照《中华人民共和国畜牧法》的有关规定处罚。

第八十二条 违反本法规定，未经兽医执业注册从事动物诊疗活动的，由动物卫生监督机构责令停止动物诊疗活动，没收违法所得，并处一千元以上一万元以下罚款。

执业兽医有下列行为之一的，由动物卫生监督机构给予警告，责令暂停六个月以上一年以下动物诊疗活动；情节严重的，由发证机关吊销注册证书：

（一）违反有关动物诊疗的操作技术规范，造成或者可能造成动物疫病传播、流行的；

（二）使用不符合国家规定的兽药和兽医器械的；

（三）不按照当地人民政府或者兽医主管部门要求参加动物疫病预防、控制和扑灭活动的。

第八十三条 违反本法规定，从事动物疫病研究与诊疗和动物饲养、屠宰、经营、隔离、运输，以及动物产品生产、经营、加工、贮藏等活动的单位和个人，有下列行为之一的，由动物卫生监督机构责令改正；拒不改正的，对违法行为单位处一千元以上一万元以下罚款，对违法行为个人可以处五百元以下罚款：

（一）不履行动物疫情报告义务的；

（二）不如实提供与动物防疫活动有关资料的；

（三）拒绝动物卫生监督机构进行监督检查的；

（四）拒绝动物疫病预防控制机构进行动物疫病监测、检测的。

第八十四条 违反本法规定，构成犯罪的，依法追究刑事责任。

违反本法规定，导致动物疫病传播、流行等，给他人人身、财产造成损害的，依法承担民事责任。

二、中华人民共和国传染病防治法

第二条 国家对传染病防治实行预防为主的方针，防治结合、分类管理、依靠科学、依靠群众。

第三条 本法规定的传染病分为甲类、乙类和丙类。

甲类传染病是指：鼠疫、霍乱。

乙类传染病是指：传染性非典型肺炎、艾滋病、病毒性肝炎、脊髓灰质炎、人感染高致病性禽流感、麻疹、流行性出血热、狂犬病、流行性乙型脑炎、登革热、炭疽、细菌性和阿米巴性痢疾、肺结核、伤寒和副伤寒、流行性脑脊髓膜炎、百日咳、白喉、新生儿破伤风、猩红热、布鲁氏菌病、淋病、梅毒、钩端螺旋体病、血吸虫病、疟疾。

丙类传染病是指：流行性感冒、流行性腮腺炎、风疹、急性出血性结膜炎、麻风病、流行性和地方性斑疹伤寒、黑热病、包虫病、丝虫病，除霍乱、细菌性和阿米巴性痢疾、伤寒和副伤寒以外的感染性腹泻病。

国务院卫生行政部门根据传染病暴发、流行情况和危害程度，可以决定增加、减少或者调整乙类、丙类传染病病种并予以公布。

第二十五条 县级以上人民政府农业、林业行政部门以及其他有关部门，依据各自的职责负责与人畜共患传染病有关的动物传染病的防治管理工作。

与人畜共患传染病有关的野生动物、家畜家禽，经检疫合格后，方可出售、运输。

第三十六条 动物防疫机构和疾病预防控制机构，应当及时互相通报动物间和人间发生的人畜共患传染病疫情以及相关信息。

第七十一条 国境卫生检疫机关、动物防疫机构未依法履行传染病疫情通报职责的，由有关部门在各自职责范围内责令改正，通报批评；造成传染病传播、流行或者其他严重后果的，对负有责任的主管人员和其他直接责任人员，依法给予降级、撤职、开除的处分；构成犯罪的，依法追究刑事责任。

第七十五条 未经检疫出售、运输与人畜共患传染病有关的野生动物、家畜家禽的，由县级以上地方人民政府畜牧兽医行政部门责令停止违法行为，并依法给予行政处罚。

三、重大动物疫情应急条例

第九条 国务院兽医主管部门应当制定全国重大动物疫情应急预案，报国务院批准，并按照不同动物疫病病种及其流行特点和危害程度，分别制定实施方案，报国务院备案。

县级以上地方人民政府根据本地区的实际情况，制定本行政区域的重大动物疫情应急预案，报上一级人民政府兽医主管部门备案。县级以上地方人民政府兽医主管部门，应当按照不同动物疫病病种及其流行特点和危害程度，分别制定实施方案。

重大动物疫情应急预案及其实施方案应当根据疫情的发展变化和实施情况，及时修改、完善。

第十条 重大动物疫情应急预案主要包括下列内容：

（一）应急指挥部的职责、组成以及成员单位的分工；

（二）重大动物疫情的监测、信息收集、报告和通报；

（三）动物疫病的确认、重大动物疫情的分级和相应的应急处理工作方案；

（四）重大动物疫情疫源的追踪和流行病学调查分析；

（五）预防、控制、扑灭重大动物疫情所需资金的来源、物资和技术的储备与调度；

（六）重大动物疫情应急处理设施和专业队伍建设。

第十一条 国务院有关部门和县级以上地方人民政府及其有关部门，应当根据重大动物疫情应急预案的要求，确保应急处理所需的疫苗、药品、设施设备和防护用品等物资的储备。

第十二条 县级以上人民政府应当建立和完善重大动物疫情监测网络和预防控制体系，加强动物防疫基础设施和乡镇动物防疫组织建设，并保证其正常运行，提高对重大动物疫情的应急处理能力。

第十六条 从事动物隔离、疫情监测、疫病研究与诊疗、检验检疫以及动物饲养、屠宰加工、运输、经营等活动的有关单位和个人，发现动物出现群体发病或者死亡的，应当立即向所在地的县（市）动物防疫监督机构报告。

第二十四条 有关单位和个人对重大动物疫情不得瞒报、谎报、迟报，不得授意他人瞒报、谎报、迟报，不得阻碍他人报告。

四、畜禽标识和养殖档案管理办法

第四条 农业部负责全国畜禽标识和养殖档案的监督管理工作。

县级以上地方人民政府畜牧兽医行政主管部门负责本行政区域内畜禽标识和

养殖档案的监督管理工作。

第五条 畜禽标识制度应当坚持统一规划、分类指导、分步实施、稳步推进的原则。

第七条 畜禽标识实行一畜一标，编码应当具有唯一性。

第八条 畜禽标识编码由畜禽种类代码、县级行政区域代码、标识顺序号共15位数字及专用条码组成。

猪、牛、羊的畜禽种类代码分别为1、2、3。

编码形式为：×（种类代码）-××××××（县级行政区域代码）-××××××××（标识顺序号）。

第九条 农业部制定并公布畜禽标识技术规范，生产企业生产的畜禽标识应当符合该规范规定。

省级动物疫病预防控制机构统一采购畜禽标识，逐级供应。

第十一条 畜禽养殖者应当向当地县级动物疫病预防控制机构申领畜禽标识，并按照下列规定对畜禽加施畜禽标识：

（一）新出生畜禽，在出生后30天内加施畜禽标识；30天内离开饲养地的，在离开饲养地前加施畜禽标识；从国外引进畜禽，在畜禽到达目的地10日内加施畜禽标识。

（二）猪、牛、羊在左耳中部加施畜禽标识，需要再次加施畜禽标识的，在右耳中部加施。

第十二条 畜禽标识严重磨损、破损、脱落后，应当及时加施新的标识，并在养殖档案中记录新标识编码。

第十七条 畜禽标识不得重复使用。

第十八条 畜禽养殖场应当建立养殖档案，载明以下内容：

（一）畜禽的品种、数量、繁殖记录、标识情况、来源和进出场日期；

（二）饲料、饲料添加剂等投入品和兽药的来源、名称、使用对象、时间和用量等有关情况；

（三）检疫、免疫、监测、消毒情况；

（四）畜禽发病、诊疗、死亡和无害化处理情况；

（五）畜禽养殖代码；

（六）农业部规定的其他内容。

第十九条 县级动物疫病预防控制机构应当建立畜禽防疫档案，载明以下内容：

（一）畜禽养殖场：名称、地址、畜禽种类、数量、免疫日期、疫苗名称、畜禽养殖代码、畜禽标识顺序号、免疫人员以及用药记录等。

（二）畜禽散养户：户主姓名、地址、畜禽种类、数量、免疫日期、疫苗名称、畜禽标识顺序号、免疫人员以及用药记录等。

第二十条 畜禽养殖场、养殖小区应当依法向所在地县级人民政府畜牧兽医行政主管部门备案，取得畜禽养殖代码。

畜禽养殖代码由县级人民政府畜牧兽医行政主管部门按照备案顺序统一编号，每个畜禽养殖场、养殖小区只有一个畜禽养殖代码。

畜禽养殖代码由 6 位县级行政区域代码和 4 位顺序号组成，作为养殖档案编号。

第二十一条 饲养种畜应当建立个体养殖档案，注明标识编码、性别、出生日期、父系和母系品种类型、母本的标识编码等信息。

种畜调运时应当在个体养殖档案上注明调出和调入地，个体养殖档案应当随同调运。

第二十二条 养殖档案和防疫档案保存时间：商品猪、禽为 2 年，牛为 20 年，羊为 10 年，种畜禽长期保存。

第二十三条 从事畜禽经营的销售者和购买者应当向所在地县级动物疫病预防控制机构报告更新防疫档案相关内容。

销售者或购买者属于养殖场的，应及时在畜禽养殖档案中登记畜禽标识编码及相关信息变化情况。

第二十四条 畜禽养殖场养殖档案及种畜个体养殖档案格式由农业部统一制定。

第二十五条 国家实施畜禽标识及养殖档案信息化管理，实现畜禽及畜禽产品可追溯。

第二十六条 农业部建立包括国家畜禽标识信息中央数据库在内的国家畜禽标识信息管理系统。

省级人民政府畜牧兽医行政主管部门建立本行政区域畜禽标识信息数据库，并成为国家畜禽标识信息中央数据库的子数据库。

第二十七条 县级以上人民政府畜牧兽医行政主管部门根据数据采集要求，组织畜禽养殖相关信息的录入、上传和更新工作。

第二十九条 畜禽标识和养殖档案记载的信息应当连续、完整、真实。

五、河北省动物消毒管理办法

第四条 县级以上人民政府畜牧兽医行政管理部门主管本行政区域内的动物

消毒工作。

县级以上人民政府畜牧兽医行政管理部门设置的动物防疫监督机构和乡、镇畜牧兽医站，负责本行政区域内动物消毒的技术指导和具体组织工作。

第五条 饲养、经营、运输动物和生产、经营、运输、贮存动物产品，应当依照国家和本省的有关规定，实施动物消毒工作，并接受动物防疫监督机构的监督检查。

第六条 动物饲养场和屠宰、加工生产车间等场所的出入口应当设置消毒池，对出入的人员、运载工具和有关物品进行消毒。

第七条 染疫动物及其排泄物、染疫动物的产品、病死或者死因不明的动物尸体，以及经检疫不合格的动物和动物产品，必须依照国家和省畜牧兽医行政管理部门的规定，进行消毒后处理。

第八条 在发生一类动物疫病或者二类、三类动物疫病呈暴发性流行时，当地畜牧兽医行政管理部门应当依照《中华人民共和国动物防疫法》和本省的有关规定，采取强制消毒措施，并经有权批准的人民政府批准后，在疫点的出入口或者出入疫区的主要交通路口设置临时消毒检查站，对出入疫点、疫区的人员及牲畜、牲畜产品、运载工具和有关物品进行检查、强制消毒。

前款规定的一类、二类和三类动物疫病，是指国务院农业行政主管部门规定并公布的病种。

第九条 在发生一类动物疫病或者二类、三类动物疫病呈暴发性流行时，当地饲养、经营、运输动物和生产、经营、运输、贮存动物产品的单位和个人，必须依照国家和本省的有关规定，在动物防疫监督机构的监督指导下，对饲养、经营、运输的动物和生产、经营、运输、贮存动物产品的场所、用具、器械、运载工具等有关物品，进行普查和全面消毒。

前款规定的单位和个人是在疫点、疫区和受威胁区内的，除按前款规定进行普查消毒外，还必须按照动物防疫监督机构的规定进行定期消毒，并在封锁令解除前，接受动物防疫监督机构组织进行的消毒检查。经检查不合格的，必须重新进行消毒。

第十条 预防和扑灭一类动物疫病所需消毒药品的品种，由省畜牧兽医行政管理部门规定。

第十一条 预防和扑灭一类动物疫病所需的一般消毒药品，由市、县动物防疫监督机构统一采购、贮存和供应。特殊消毒药品由省动物防疫监督机构统一采购、贮存和供应。

第十二条 购买预防、控制和扑灭动物疫病所需消毒药品的费用，由饲养、经营、运输动物和生产、经营、运输、贮存动物产品的单位和个人支付。

在发生一类动物疫病或者二类、三类动物疫病呈暴发性流行时，采取紧急控制和扑灭措施所需消毒药品的费用，各级人民政府可以给予适当补助。

六、河北省动物防疫条例

第四条 县级以上人民政府应当加强对动物防疫工作的领导，其职责是：

（一）将动物防疫工作纳入当地国民经济和社会发展计划，为动物防疫工作提供必要的资金保障；

（二）组织制定本行政区域内的重点动物疫病防治规划和应急预案，并储备适量防疫物资；

（三）在发生一类动物疫病、新的动物疫病或者二、三类动物疫病呈暴发流行时，负责发布封锁令，启动应急预案，组织、协调有关部门及时控制和扑灭疫病；

（四）制定并实施动物防疫工作目标责任制。

第五条 县级以上人民政府畜牧兽医行政管理部门主管本行政区域内的动物防疫工作，其所属的动物防疫监督机构依法实施动物防疫和动物防疫监督。

县级以上人民政府有关部门在各自的职责范围内做好与动物防疫有关的工作。

乡、民族乡、镇的动物防疫组织在动物防疫监督机构的指导下，组织实施动物疫病的免疫、诊疗和规定范围内的防疫工作。

第六条 本省对严重危害养殖业生产和人体健康的动物疫病实行计划免疫制度，实施强制免疫。

实施强制免疫的动物疫病病种，依照国务院畜牧兽医行政管理部门公布的名录执行。

县级以上人民政府畜牧兽医行政管理部门根据当地动物疫情，可以在前款规定的动物疫病病种名录外，增加实施强制免疫的动物疫病病种，报同级人民政府批准后实施，并向上一级人民政府畜牧兽医行政管理部门备案。

第七条 饲养、经营动物以及生产、经营动物产品的单位和个人，应当依照国家及本省有关规定，实施动物疫病的预防工作，并接受动物防疫监督机构的监测和监督。

饲养、经营动物的单位和个人，应当按照动物疫病的强制免疫计划，接受动物防疫监督机构对其饲养、经营的动物进行免疫接种。

动物饲养场应当建立动物防疫档案。经当地动物防疫监督机构批准，动物饲养场可以自行对动物实施强制免疫病种的免疫，免疫完成后，应当报当地动物防疫监督机构进行免疫监测和验收。

第九条 实行计划免疫和强制免疫的动物预防用生物制品由省动物防疫监督机构统一订购，实行逐级供应。其他任何单位和个人不得销售或者以其他方式向他人提供动物预防用生物制品。

第十条 饲养种用、乳用动物，畜主应当建立动物防疫档案，并报当地动物防疫监督机构对其动物进行健康检查和疫病检测，取得省人民政府畜牧兽医行政管理部门统一监制、动物防疫监督机构核发的动物健康合格证，每半年申请进行一次动物疫病检测。未取得动物健康合格证的种用、乳用动物不得作为种用、乳用。

第十一条 保存、使用、运输动物源性致病微生物和动物病料以及利用动物源性致病微生物从事科学研究、教学和动物疫病的诊疗活动，应当遵守国家及本省的有关规定。

任何单位和个人未经批准不得进行动物传染病疫（菌）苗的研制及其应用试验活动。

七、河北省动物饲养场防疫管理办法

第四条 县级以上人民政府畜牧兽医主管部门负责本行政区域内动物饲养场的防疫工作。

第六条 大型动物饲养场应当配备一名以上具有兽医中专以上学历或者相当学历的兽医专业技术人员；设置固定的动物诊疗室、动物传染病隔离圈舍；配备常用的诊疗、消毒器械和污水、污物、病死动物的无害化处理设施。

前款规定以外的其他动物饲养场，应当配备或者聘请兽医专业技术人员担任动物诊疗工作，并配备常用的诊疗器械和兽药。

第七条 动物饲养场应当按照当地畜牧兽医主管部门的防疫计划进行动物疫病的预防接种和驱虫工作。

八、河北省实施《重大动物疫情应急条例》办法

第四条 县级以上人民政府统一领导本行政区域内重大动物疫情应急工作。县级以上人民政府畜牧兽医主管部门具体负责组织重大动物疫情的监测、调查、控制、扑灭等应急工作。县级以上人民政府林业主管部门、畜牧兽医主管部门按职责分工，加强对陆生野生动物疫源疫病的监测。县级以上人民政府其他有关部门在各自的职责范围内，做好重大动物疫情的应急工作。

第六条 各级人民政府及其有关部门应当建立重大动物疫情应急工作责任制，切实履行各自职责，形成信息畅通、反应快捷、指挥有力、控制有效的应急机制，保证重大动物疫情应急工作正常进行。

第七条 县级以上人民政府应当将重大动物疫情确认、疫区封锁、扑杀及其补偿、消毒、无害化处理、疫源追踪、疫情监测以及应急物资储备等应急经费列入本级财政预算。

第九条 省人民政府畜牧兽医主管部门应当根据国家重大动物疫情应急预案，结合本省实际，制定全省重大动物疫情应急预案，报省人民政府批准，并报国务院兽医主管部门备案。设区的市、县级人民政府应当根据上级人民政府重大动物疫情应急预案，结合本地实际，制定本级人民政府重大动物疫情应急预案，并报上一级人民政府畜牧兽医主管部门备案。

第十条 县级以上人民政府畜牧兽医主管部门按不同动物疫病病种及其流行特点和危害程度，分别制定重大动物疫情应急预案的实施方案，并报本级人民政府备案。

第十一条 重大动物疫情应急预案及其实施方案应当根据疫情的发展变化和实施情况，及时修改、完善。

第十二条 县级以上人民政府及其有关部门应当根据重大动物疫情应急预案，储备足够的疫苗、诊断试剂、药品、设施设备、防护用品等应急物资，并根据其特性及时更新、周转，保证应急需要及有效使用。

第十三条 县级以上人民政府应当建立和完善重大动物疫情监测、流行病学调查和风险评估等防控体系，加强动物防疫基础设施和乡镇动物防疫组织及村动物防疫协助员队伍建设。

九、河北省动物重点疫病预防控制扑灭管理办法

第四条 县级以上人民政府设置动物重点疫病预防控制扑灭指挥部，负责领导和协调本行政区域内动物重点疫病的预防、控制、扑灭工作。动物重点疫病预防控制扑灭指挥部由畜牧、计划、财政、物价、公安、卫生、交通、工商行政管理、经济贸易、对外经济贸易、出入境检验检疫、农垦和铁路等有关部门组成，由同级人民政府的主管负责人兼任指挥长。

第五条 县级以上人民政府畜牧兽医行政管理部门在同级动物重点疫病预防控制扑灭指挥部的领导下，主管本行政区域内动物重点疫病的预防、控制、扑灭工作。

县级以上人民政府所属的动物防疫监督机构实施本行政区域内动物重点疫病的预防、控制、扑灭工作和动物重点疫病预防用生物制品的供应及有关监督工作。

第六条 乡(镇)人民政府和村(居)民委员会负责组织当地的单位和个人，协助动物防疫监督机构实施动物重点疫病的预防、控制、扑灭工作。

乡(镇)动物防疫组织根据动物防疫法律、法规、规章的规定和动物防疫监督机构的委托,组织做好动物重点疫病的普查和预防工作。

第七条 县(市、区)动物防疫监督机构和乡(镇)动物防疫组织设动物防疫员,具体实施本行政区域内动物重点疫病的预防、控制、扑灭工作。

村(居)民委员会和动物饲养场根据当地的动物饲养规模以及动物防疫工作的需要,可以设动物防疫协助员,协助动物防疫员实施动物免疫工作。

动物防疫员必须经省畜牧兽医行政管理部门考核合格,取得省畜牧兽医行政管理部门统一监制、核发的动物防疫员证书。动物防疫协助员必须经设区的市动物防疫监督机构考核合格,取得省畜牧兽医行政管理部门统一监制、县(市、区)动物防疫监督机构核发的动物防疫协助员证书。

第八条 省畜牧兽医行政管理部门依照动物防疫法律、法规、规章的规定,并根据国务院畜牧兽医行政管理部门制定的动物重点疫病预防、控制、扑灭规划和计划以及本省动物重点疫病的流行情况,制定本省动物重点疫病的预防、控制、扑灭规划和计划及其实施方案,并负责组织实施。

设区市畜牧兽医行政管理部门和县(市、区)畜牧兽医行政管理部门分别根据上一级畜牧兽医行政管理部门制定的动物重点疫病预防、控制、扑灭规划和计划,制定本级动物重点疫病的预防、控制、扑灭规划和计划及其实施方案,并负责组织实施。

第九条 县级以上人民政府应当根据动物重点疫病的流行情况,制定动物重点疫病的预防、控制、扑灭方案,并在方案中具体规定发生动物重点疫病后应当采取的应急措施。

第十条 动物防疫监督机构和乡(镇)动物防疫组织应当设置动物实验诊断室,按规定配备必要的仪器设备,并建立健全动物重点疫病的诊断、监测记录等档案。

第十一条 不具备兽医诊断实验条件的地区在突发动物重点疫病时,可以由二名具有兽医师以上职称的专业技术人员进行诊断,并采取相应的预防、控制、扑灭措施。

第十二条 从事动物饲养的单位和个人在新生动物出生后十日内、新购动物购入后三日内,必须向当地动物防疫监督机构或者乡(镇)动物防疫组织报告,并接受动物防疫监督机构或者乡(镇)动物防疫组织对动物实施的免疫和动物防疫监督机构进行的监督检查;发现饲养的动物患有重点疫病或者疑似重点疫病时,必须立即向当地动物防疫监督机构或者乡(镇)动物防疫组织报告,对人、畜共患的动物重点疫病应当同时报告当地卫生部门。

第十三条 动物饲养场应当依照国家和本省的有关规定，建立健全动物饲养、免疫、消毒、疫病动态、病死动物及其产品的无害化处理情况等档案。

第二节 疫情处置相关法律法规

一、中华人民共和国动物防疫法

第十八条 种用、乳用动物和宠物应当符合国务院兽医主管部门规定的健康标准。

种用、乳用动物应当接受动物疫病预防控制机构的定期检测；检测不合格的，应当按照国务院兽医主管部门的规定予以处理。

第二十六条 从事动物疫情监测、检验检疫、疫病研究与诊疗以及动物饲养、屠宰、经营、隔离、运输等活动的单位和个人，发现动物染疫或者疑似染疫的，应当立即向当地兽医主管部门、动物卫生监督机构或者动物疫病预防控制机构报告，并采取隔离等控制措施，防止动物疫情扩散。其他单位和个人发现动物染疫或者疑似染疫的，应当及时报告。

接到动物疫情报告的单位，应当及时采取必要的控制处理措施，并按照国家规定的程序上报。

第二十七条 动物疫情由县级以上人民政府兽医主管部门认定；其中重大动物疫情由省、自治区、直辖市人民政府兽医主管部门认定，必要时报国务院兽医主管部门认定。

第二十八条 国务院兽医主管部门应当及时向国务院有关部门和军队有关部门以及省、自治区、直辖市人民政府兽医主管部门通报重大动物疫情的发生和处理情况；发生人畜共患传染病的，县级以上人民政府兽医主管部门与同级卫生主管部门应当及时相互通报。

国务院兽医主管部门应当依照我国缔结或者参加的条约、协定，及时向有关国际组织或者贸易方通报重大动物疫情的发生和处理情况。

第二十九条 国务院兽医主管部门负责向社会及时公布全国动物疫情，也可以根据需要授权省、自治区、直辖市人民政府兽医主管部门公布本行政区域内的动物疫情。其他单位和个人不得发布动物疫情。

第三十条 任何单位和个人不得瞒报、谎报、迟报、漏报动物疫情，不得授意他人瞒报、谎报、迟报动物疫情，不得阻碍他人报告动物疫情。

第三十一条 发生一类动物疫病时，应当采取下列控制和扑灭措施：

（一）当地县级以上地方人民政府兽医主管部门应当立即派人到现场，划定疫点、疫区、受威胁区，调查疫源，及时报请本级人民政府对疫区实行封锁。疫区范围涉及两个以上行政区域的，由有关行政区域共同的上一级人民政府对疫区实行封锁，或者由各有关行政区域的上一级人民政府共同对疫区实行封锁。必要时，上级人民政府可以责成下级人民政府对疫区实行封锁。

（二）县级以上地方人民政府应当立即组织有关部门和单位采取封锁、隔离、扑杀、销毁、消毒、无害化处理、紧急免疫接种等强制性措施，迅速扑灭疫病。

（三）在封锁期间，禁止染疫、疑似染疫和易感染的动物、动物产品流出疫区，禁止非疫区的易感染动物进入疫区，并根据扑灭动物疫病的需要对出入疫区的人员、运输工具及有关物品采取消毒和其他限制性措施。

第三十二条 发生二类动物疫病时，应当采取下列控制和扑灭措施：

（一）当地县级以上地方人民政府兽医主管部门应当划定疫点、疫区、受威胁区。

（二）县级以上地方人民政府根据需要组织有关部门和单位采取隔离、扑杀、销毁、消毒、无害化处理、紧急免疫接种、限制易感染的动物和动物产品及有关物品出入等控制、扑灭措施。

第三十三条 疫点、疫区、受威胁区的撤销和疫区封锁的解除，按照国务院兽医主管部门规定的标准和程序评估后，由原决定机关决定并宣布。

第三十四条 发生三类动物疫病时，当地县级、乡级人民政府应当按照国务院兽医主管部门的规定组织防治和净化。

第三十五条 二、三类动物疫病呈暴发性流行时，按照一类动物疫病处理。

第三十八条 疫区内有关单位和个人，应当遵守县级以上人民政府及其兽医主管部门依法作出的有关控制、扑灭动物疫病的规定。

任何单位和个人不得藏匿、转移、盗掘已被依法隔离、封存、处理的动物和动物产品。

第三十九条 发生动物疫情时，航空、铁路、公路、水路等运输部门应当优先组织运送控制、扑灭疫病的人员和有关物资。

第四十条 一、二、三类动物疫病突然发生，迅速传播，给养殖业生产安全造成严重威胁、危害，以及可能对公众身体健康与生命安全造成危害，构成重大动物疫情的，依照法律和国务院的规定采取应急处理措施。

二、中华人民共和国传染病防治法

第四条 对乙类传染病中传染性非典型肺炎、炭疽中的肺炭疽和人感染高致病性禽流感，采取本法所称甲类传染病的预防、控制措施。其他乙类传染病和突发原因不明的传染病需要采取本法所称甲类传染病的预防、控制措施的，由国务院卫生行政部门及时报经国务院批准后予以公布、实施。

需要解除依照前款规定采取的甲类传染病预防、控制措施的，由国务院卫生行政部门报经国务院批准后予以公布。

省、自治区、直辖市人民政府对本行政区域内常见、多发的其他地方性传染病，可以根据情况决定按照乙类或者丙类传染病管理并予以公布，报国务院卫生行政部门备案。

第三十条 疾病预防控制机构、医疗机构和采供血机构及其执行职务的人员发现本法规定的传染病疫情或者发现其他传染病暴发、流行以及突发原因不明的传染病时，应当遵循疫情报告属地管理原则，按照国务院规定的或者国务院卫生行政部门规定的内容、程序、方式和时限报告。

军队医疗机构向社会公众提供医疗服务，发现前款规定的传染病疫情时，应当按照国务院卫生行政部门的规定报告。

第四十二条 传染病暴发、流行时，县级以上地方人民政府应当立即组织力量，按照预防、控制预案进行防治，切断传染病的传播途径，必要时，报经上一级人民政府决定，可以采取下列紧急措施并予以公告：

（一）限制或者停止集市、影剧院演出或者其他人群聚集的活动；

（二）停工、停业、停课；

（三）封闭或者封存被传染病病原体污染的公共饮用水源、食品以及相关物品；

（四）控制或者扑杀染疫野生动物、家畜家禽；

（五）封闭可能造成传染病扩散的场所。

上级人民政府接到下级人民政府关于采取前款所列紧急措施的报告时，应当即时作出决定。

紧急措施的解除，由原决定机关决定并宣布。

三、重大动物疫情应急条例

第三条 重大动物疫情应急工作应当坚持加强领导、密切配合，依靠科学、依法防治，群防群控、果断处置的方针，及时发现，快速反应，严格处理，减少损失。

第四条 重大动物疫情应急工作按照属地管理的原则，实行政府统一领导、部门分工负责，逐级建立责任制。

县级以上人民政府兽医主管部门具体负责组织重大动物疫情的监测、调查、控制、扑灭等应急工作。

县级以上人民政府林业主管部门、兽医主管部门按照职责分工，加强对陆生野生动物疫源疫病的监测。

县级以上人民政府其他有关部门在各自的职责范围内，做好重大动物疫情的应急工作。

第七条 县级以上人民政府应当对参加重大动物疫情应急处理的人员给予适当补助，对作出贡献的人员给予表彰和奖励。

第八条 对不履行或者不按照规定履行重大动物疫情应急处理职责的行为，任何单位和个人有权检举控告。

第十三条 县级以上地方人民政府根据重大动物疫情应急需要，可以成立应急预备队，在重大动物疫情应急指挥部的指挥下，具体承担疫情的控制和扑灭任务。

应急预备队由当地兽医行政管理人员、动物防疫工作人员、有关专家、执业兽医等组成；必要时，可以组织动员社会上有一定专业知识的人员参加。公安机关、中国人民武装警察部队应当依法协助其执行任务。

应急预备队应当定期进行技术培训和应急演练。

第十七条 县(市)动物防疫监督机构接到报告后，应当立即赶赴现场调查核实。初步认为属于重大动物疫情的，应当在 2 小时内将情况逐级报省、自治区、直辖市动物防疫监督机构，并同时报所在地人民政府兽医主管部门；兽医主管部门应当及时通报同级卫生主管部门。

省、自治区、直辖市动物防疫监督机构应当在接到报告后 1 小时内，向省、自治区、直辖市人民政府兽医主管部门和国务院兽医主管部门所属的动物防疫监督机构报告。

省、自治区、直辖市人民政府兽医主管部门应当在接到报告后 1 小时内报本级人民政府和国务院兽医主管部门。

重大动物疫情发生后，省、自治区、直辖市人民政府和国务院兽医主管部门应当在 4 小时内向国务院报告。

第十八条 重大动物疫情报告包括下列内容：

(一)疫情发生的时间、地点；

(二)染疫、疑似染疫动物种类和数量、同群动物数量、免疫情况、死亡数量、临床症状、病理变化、诊断情况；

（三）流行病学和疫源追踪情况；

（四）已采取的控制措施；

（五）疫情报告的单位、负责人、报告人及联系方式。

第十九条 重大动物疫情由省、自治区、直辖市人民政府兽医主管部门认定；必要时，由国务院兽医主管部门认定。

第二十条 重大动物疫情由国务院兽医主管部门按照国家规定的程序，及时准确公布；其他任何单位和个人不得公布重大动物疫情。

第二十三条 发生重大动物疫情可能感染人群时，卫生主管部门应当对疫区内易受感染的人群进行监测，并采取相应的预防、控制措施。卫生主管部门和兽医主管部门应当及时相互通报情况。

第二十五条 在重大动物疫情报告期间，有关动物防疫监督机构应当立即采取临时隔离控制措施；必要时，当地县级以上地方人民政府可以作出封锁决定并采取扑杀、销毁等措施。有关单位和个人应当执行。

第二十七条 重大动物疫情发生后，县级以上地方人民政府兽医主管部门应当立即划定疫点、疫区和受威胁区，调查疫源，向本级人民政府提出启动重大动物疫情应急指挥系统、应急预案和对疫区实行封锁的建议，有关人民政府应当立即作出决定。

疫点、疫区和受威胁区的范围应当按照不同动物疫病病种及其流行特点和危害程度划定，具体划定标准由国务院兽医主管部门制定。

第二十九条 对疫点应当采取下列措施：

（一）扑杀并销毁染疫动物和易感染的动物及其产品；

（二）对病死的动物、动物排泄物、被污染饲料、垫料、污水进行无害化处理；

（三）对被污染的物品、用具、动物圈舍、场地进行严格消毒。

第三十条 对疫区应当采取下列措施：

（一）在疫区周围设置警示标志，在出入疫区的交通路口设置临时动物检疫消毒站，对出入的人员和车辆进行消毒；

（二）扑杀并销毁染疫和疑似染疫动物及其同群动物，销毁染疫和疑似染疫的动物产品，对其他易感染的动物实行圈养或者在指定地点放养，役用动物限制在疫区内使役；

（三）对易感染的动物进行监测，并按照国务院兽医主管部门的规定实施紧急免疫接种，必要时对易感染的动物进行扑杀；

（四）关闭动物及动物产品交易市场，禁止动物进出疫区和动物产品运出疫区；

（五）对动物圈舍、动物排泄物、垫料、污水和其他可能受污染的物品、场地，进行消毒或者无害化处理。

第三十一条 对受威胁区应当采取下列措施：

（一）对易感染的动物进行监测；

（二）对易感染的动物根据需要实施紧急免疫接种。

第三十二条 重大动物疫情应急处理中设置临时动物检疫消毒站以及采取隔离、扑杀、销毁、消毒、紧急免疫接种等控制、扑灭措施的，由有关重大动物疫情应急指挥部决定，有关单位和个人必须服从；拒不服从的，由公安机关协助执行。

第三十三条 国家对疫区、受威胁区内易感染的动物免费实施紧急免疫接种；对因采取扑杀、销毁等措施给当事人造成的已经证实的损失，给予合理补偿。紧急免疫接种和补偿所需费用，由中央财政和地方财政分担。

第三十四条 重大动物疫情应急指挥部根据应急处理需要，有权紧急调集人员、物资、运输工具以及相关设施、设备。

单位和个人的物资、运输工具以及相关设施、设备被征集使用的，有关人民政府应当及时归还并给予合理补偿。

第三十五条 重大动物疫情发生后，县级以上人民政府兽医主管部门应当及时提出疫点、疫区、受威胁区的处理方案，加强疫情监测、流行病学调查、疫源追踪工作，对染疫和疑似染疫动物及其同群动物和其他易感染动物的扑杀、销毁进行技术指导，并组织实施检验检疫、消毒、无害化处理和紧急免疫接种。

第三十六条 重大动物疫情应急处理中，县级以上人民政府有关部门应当在各自的职责范围内，做好重大动物疫情应急所需的物资紧急调度和运输、应急经费安排、疫区群众救济、人的疫病防治、肉食品供应、动物及其产品市场监管、出入境检验检疫和社会治安维护等工作。

中国人民解放军、中国人民武装警察部队应当支持配合驻地人民政府做好重大动物疫情的应急工作。

第三十七条 重大动物疫情应急处理中，乡镇人民政府、村民委员会、居民委员会应当组织力量，向村民、居民宣传动物疫病防治的相关知识，协助做好疫情信息的收集、报告和各项应急处理措施的落实工作。

第三十八条 重大动物疫情发生地的人民政府和毗邻地区的人民政府应当通力合作，相互配合，做好重大动物疫情的控制、扑灭工作。

第三十九条 有关人民政府及其有关部门对参加重大动物疫情应急处理的人员，应当采取必要的卫生防护和技术指导等措施。

第四十条 自疫区内最后一头（只）发病动物及其同群动物处理完毕起，经过一个潜伏期以上的监测，未出现新的病例的，彻底消毒后，经上一级动物防疫监督机构验收合格，由原发布封锁令的人民政府宣布解除封锁，撤销疫区；由原批准机关撤销在该疫区设立的临时动物检疫消毒站。

第四十一条 县级以上人民政府应当将重大动物疫情确认、疫区封锁、扑杀及其补偿、消毒、无害化处理、疫源追踪、疫情监测以及应急物资储备等应急经费列入本级财政预算。

第四十二条 违反本条例规定，兽医主管部门及其所属的动物防疫监督机构有下列行为之一的，由本级人民政府或者上级人民政府有关部门责令立即改正、通报批评、给予警告；对主要负责人、负有责任的主管人员和其他责任人员，依法给予记大过、降级、撤职直至开除的行政处分；构成犯罪的，依法追究刑事责任：

（一）不履行疫情报告职责，瞒报、谎报、迟报或者授意他人瞒报、谎报、迟报，阻碍他人报告重大动物疫情的；

（二）在重大动物疫情报告期间，不采取临时隔离控制措施，导致动物疫情扩散的；

（三）不及时划定疫点、疫区和受威胁区，不及时向本级人民政府提出应急处理建议，或者不按照规定对疫点、疫区和受威胁区采取预防、控制、扑灭措施的；

（四）不向本级人民政府提出启动应急指挥系统、应急预案和对疫区的封锁建议的；

（五）对动物扑杀、销毁不进行技术指导或者指导不力，或者不组织实施检验检疫、消毒、无害化处理和紧急免疫接种的；

（六）其他不履行本条例规定的职责，导致动物疫病传播、流行，或者对养殖业生产安全和公众身体健康与生命安全造成严重危害的。

第四十三条 违反本条例规定，县级以上人民政府有关部门不履行应急处理职责，不执行对疫点、疫区和受威胁区采取的措施，或者对上级人民政府有关部门的疫情调查不予配合或者阻碍、拒绝的，由本级人民政府或者上级人民政府有关部门责令立即改正、通报批评、给予警告；对主要负责人、负有责任的主管人员和其他责任人员，依法给予记大过、降级、撤职直至开除的行政处分；构成犯罪的，依法追究刑事责任。

第四十四条 违反本条例规定，有关地方人民政府阻碍报告重大动物疫情，不履行应急处理职责，不按照规定对疫点、疫区和受威胁区采取预防、控制、扑灭措施，或者对上级人民政府有关部门的疫情调查不予配合或者阻碍、拒绝的，由上级人民政府责令立即改正、通报批评、给予警告；对政府主要领导人依法给予记大过、降级、撤职直至开除的行政处分；构成犯罪的，依法追究刑事责任。

第四十五条 截留、挪用重大动物疫情应急经费，或者侵占、挪用应急储备物资的，按照《财政违法行为处罚处分条例》的规定处理；构成犯罪的，依法追究刑事责任。

第四十六条 违反本条例规定，拒绝、阻碍动物防疫监督机构进行重大动物疫情监测，或者发现动物出现群体发病或者死亡，不向当地动物防疫监督机构报告的，由动物防疫监督机构给予警告，并处2 000元以上5 000元以下的罚款；构成犯罪的，依法追究刑事责任。

四、国家突发重大动物疫情应急预案

1.3 突发重大动物疫情分级

根据突发重大动物疫情的性质、危害程度、涉及范围，将突发重大动物疫情划分为特别重大（Ⅰ级）、重大（Ⅱ级）、较大（Ⅲ级）和一般（Ⅳ级）四级。

1.5 工作原则

（1）统一领导，分级管理。各级人民政府统一领导和指挥突发重大动物疫情应急处理工作；疫情应急处理工作实行属地管理；地方各级人民政府负责扑灭本行政区域内的突发重大动物疫情，各有关部门按照预案规定，在各自的职责范围内做好疫情应急处理的有关工作。根据突发重大动物疫情的范围、性质和危害程度，对突发重大动物疫情实行分级管理。

（2）快速反应，高效运转。各级人民政府和兽医行政管理部门要依照有关法律、法规，建立和完善突发重大动物疫情应急体系、应急反应机制和应急处置制度，提高突发重大动物疫情应急处理能力；发生突发重大动物疫情时，各级人民政府要迅速作出反应，采取果断措施，及时控制和扑灭突发重大动物疫情。

（3）预防为主，群防群控。贯彻预防为主的方针，加强防疫知识的宣传，提高全社会防范突发重大动物疫情的意识；落实各项防范措施，做好人员、技术、物资和设备的应急储备工作，并根据需要定期开展技术培训和应急演练；开展疫情监测和预警预报，对各类可能引发突发重大动物疫情的情况要及时分析、预警，做到疫情早发现、快行动、严处理。突发重大动物疫情应急处理工作要依靠群众，全民防疫，动员一切资源，做到群防群控。

2 应急组织体系及职责

2.1 应急指挥机构

农业部在国务院统一领导下，负责组织、协调全国突发重大动物疫情应急处理工作。

县级以上地方人民政府兽医行政管理部门在本级人民政府统一领导下，负责组织、协调本行政区域内突发重大动物疫情应急处理工作。

国务院和县级以上地方人民政府根据本级人民政府兽医行政管理部门的建议和实际工作需要，决定是否成立全国和地方应急指挥部。

2.1.1　全国突发重大动物疫情应急指挥部的职责

国务院主管领导担任全国突发重大动物疫情应急指挥部总指挥，国务院办公厅负责同志、农业部部长担任副总指挥，全国突发重大动物疫情应急指挥部负责对特别重大突发动物疫情应急处理的统一领导、统一指挥，作出处理突发重大动物疫情的重大决策。指挥部成员单位根据突发重大动物疫情的性质和应急处理的需要确定。

指挥部下设办公室，设在农业部。负责按照指挥部要求，具体制定防治政策，部署扑灭重大动物疫情工作，并督促各地各有关部门按要求落实各项防治措施。

2.1.2　省级突发重大动物疫情应急指挥部的职责

省级突发重大动物疫情应急指挥部由省级人民政府有关部门组成，省级人民政府主管领导担任总指挥。省级突发重大动物疫情应急指挥部统一负责对本行政区域内突发重大动物疫情应急处理的指挥，作出处理本行政区域内突发重大动物疫情的决策，决定要采取的措施。

2.2　日常管理机构

农业部负责全国突发重大动物疫情应急处理的日常管理工作。

省级人民政府兽医行政管理部门负责本行政区域内突发重大动物疫情应急的协调、管理工作。

市(地)级、县级人民政府兽医行政管理部门负责本行政区域内突发重大动物疫情应急处置的日常管理工作。

2.3　专家委员会

农业部和省级人民政府兽医行政管理部门组建突发重大动物疫情专家委员会。

市(地)级和县级人民政府兽医行政管理部门可根据需要，组建突发重大动物疫情应急处理专家委员会。

2.4　应急处理机构

2.4.1　动物防疫监督机构：主要负责突发重大动物疫情报告，现场流行病学调查，开展现场临床诊断和实验室检测，加强疫病监测，对封锁、隔离、紧急免疫、扑杀、无害化处理、消毒等措施的实施进行指导、落实和监督。

2.4.2　出入境检验检疫机构：负责加强对出入境动物及动物产品的检验检疫、疫情报告、消毒处理、流行病学调查和宣传教育等。

3 突发重大动物疫情的监测、预警与报告

3.2 预警

各级人民政府兽医行政管理部门根据动物防疫监督机构提供的监测信息，按照重大动物疫情的发生、发展规律和特点，分析其危害程度、可能的发展趋势，及时做出相应级别的预警，依次用红色、橙色、黄色和蓝色表示特别严重、严重、较重和一般四个预警级别。

3.3 报告

任何单位和个人有权向各级人民政府及其有关部门报告突发重大动物疫情及其隐患，有权向上级政府部门举报不履行或者不按照规定履行突发重大动物疫情应急处理职责的部门、单位及个人。

4 突发重大动物疫情的应急响应和终止

4.1 应急响应的原则

发生突发重大动物疫情时，事发地的县级、市（地）级、省级人民政府及其有关部门按照分级响应的原则作出应急响应。同时，要遵循突发重大动物疫情发生发展的客观规律，结合实际情况和预防控制工作的需要，及时调整预警和响应级别。要根据不同动物疫病的性质和特点，注重分析疫情的发展趋势，对势态和影响不断扩大的疫情，应及时升级预警和响应级别；对范围局限、不会进一步扩散的疫情，应相应降低响应级别，及时撤销预警。

突发重大动物疫情应急处理要采取边调查、边处理、边核实的方式，有效控制疫情发展。

未发生突发重大动物疫情的地方，当地人民政府兽医行政管理部门接到疫情通报后，要组织做好人员、物资等应急准备工作，采取必要的预防控制措施，防止突发重大动物疫情在本行政区域内发生，并服从上一级人民政府兽医行政管理部门的统一指挥，支援突发重大动物疫情发生地的应急处理工作。

4.2 应急响应

4.2.1 特别重大突发动物疫情（Ⅰ级）的应急响应

确认特别重大突发动物疫情后，按程序启动本预案。

（1）县级以上地方各级人民政府

a. 组织协调有关部门参与突发重大动物疫情的处理。

b. 根据突发重大动物疫情处理需要，调集本行政区域内各类人员、物资、交通工具和相关设施、设备参加应急处理工作。

c. 发布封锁令，对疫区实施封锁。

d. 在本行政区域内采取限制或者停止动物及动物产品交易、扑杀染疫或相关动物，临时征用房屋、场所、交通工具；封闭被动物疫病病原体污染的公共饮用水源等紧急措施。

e. 组织铁路、交通、民航、质检等部门依法在交通站点设置临时动物防疫监督检查站，对进出疫区、出入境的交通工具进行检查和消毒。

f. 按国家规定做好信息发布工作。

g. 组织乡镇、街道、社区以及居委会、村委会，开展群防群控。

h. 组织有关部门保障商品供应，平抑物价，严厉打击造谣传谣、制假售假等违法犯罪和扰乱社会治安的行为，维护社会稳定。

必要时，可请求中央予以支持，保证应急处理工作顺利进行。

(2)兽医行政管理部门

a. 组织动物防疫监督机构开展突发重大动物疫情的调查与处理；划定疫点、疫区、受威胁区。

b. 组织突发重大动物疫情专家委员会对突发重大动物疫情进行评估，提出启动突发重大动物疫情应急响应的级别。

c. 根据需要组织开展紧急免疫和预防用药。

d. 县级以上人民政府兽医行政管理部门负责对本行政区域内应急处理工作的督导和检查。

e. 对新发现的动物疫病，及时按照国家规定，开展有关技术标准和规范的培训工作。

f. 有针对性地开展动物防疫知识宣教，提高群众防控意识和自我防护能力。

g. 组织专家对突发重大动物疫情的处理情况进行综合评估。

(3)动物防疫监督机构

a. 县级以上动物防疫监督机构做好突发重大动物疫情的信息收集、报告与分析工作。

b. 组织疫病诊断和流行病学调查。

c. 按规定采集病料，送省级实验室或国家参考实验室确诊。

d. 承担突发重大动物疫情应急处理人员的技术培训。

4.2.2　重大突发动物疫情(Ⅱ级)的应急响应

确认重大突发动物疫情后，按程序启动省级疫情应急响应机制。

(1)省级人民政府

省级人民政府根据省级人民政府兽医行政管理部门的建议，启动应急预案，统一领导和指挥本行政区域内突发重大动物疫情应急处理工作。组织有关部门和人员扑疫；紧急调集各种应急处理物资、交通工具和相关设施设备；发布或督导发布封锁令，对疫区实施封锁；依法设置临时动物防疫监督检查站查堵疫源；限制或停止动物及动物产品交易、扑杀染疫或相关动物；封锁被动物疫源污染的公共饮用水源等；按国家规定做好信息发布工作；组织乡镇、街道、社区及居委会、村委会，开展群防群控；组织有关部门保障商品供应，平抑物价，维护社会稳定。必要时，可请求中央予以支持，保证应急处理工作顺利进行。

（2）省级人民政府兽医行政管理部门

重大突发动物疫情确认后，向农业部报告疫情。必要时，提出省级人民政府启动应急预案的建议。同时，迅速组织有关单位开展疫情应急处置工作。组织开展突发重大动物疫情的调查与处理；划定疫点、疫区、受威胁区；组织对突发重大动物疫情应急处理的评估；负责对本行政区域内应急处理工作的督导和检查；开展有关技术培训工作；有针对性地开展动物防疫知识宣教，提高群众防控意识和自我防护能力。

（3）省级以下地方人民政府

疫情发生地人民政府及有关部门在省级人民政府或省级突发重大动物疫情应急指挥部的统一指挥下，按照要求认真履行职责，落实有关控制措施。具体组织实施突发重大动物疫情应急处理工作。

（4）农业部

加强对省级兽医行政管理部门应急处理突发重大动物疫情工作的督导，根据需要组织有关专家协助疫情应急处置；并及时向有关省份通报情况。必要时，建议国务院协调有关部门给予必要的技术和物资支持。

4.2.3　较大突发动物疫情（Ⅲ级）的应急响应

（1）市（地）级人民政府

市（地）级人民政府根据本级人民政府兽医行政管理部门的建议，启动应急预案，采取相应的综合应急措施。必要时，可向上级人民政府申请资金、物资和技术援助。

（2）市（地）级人民政府兽医行政管理部门

对较大突发动物疫情进行确认，并按照规定向当地人民政府、省级兽医行政管理部门和农业部报告调查处理情况。

（3）省级人民政府兽医行政管理部门

省级兽医行政管理部门要加强对疫情发生地疫情应急处理工作的督导，及时组织专家对地方疫情应急处理工作提供技术指导和支持，并向本省有关地区发出通报，及时采取预防控制措施，防止疫情扩散蔓延。

4.2.4　一般突发动物疫情（Ⅳ级）的应急响应

县级地方人民政府根据本级人民政府兽医行政管理部门的建议，启动应急预案，组织有关部门开展疫情应急处置工作。

县级人民政府兽医行政管理部门对一般突发重大动物疫情进行确认，并按照规定向本级人民政府和上一级兽医行政管理部门报告。

市（地）级人民政府兽医行政管理部门应组织专家对疫情应急处理进行技术指导。

省级人民政府兽医行政管理部门应根据需要提供技术支持。

4.2.5　非突发重大动物疫情发生地区的应急响应

应根据发生疫情地区的疫情性质、特点、发生区域和发展趋势，分析本地区受波及的可能性和程度，重点做好以下工作：

（1）密切保持与疫情发生地的联系，及时获取相关信息。

（2）组织做好本区域应急处理所需的人员与物资准备。

（3）开展对养殖、运输、屠宰和市场环节的动物疫情监测和防控工作，防止疫病的发生、传入和扩散。

（4）开展动物防疫知识宣传，提高公众防护能力和意识。

（5）按规定做好公路、铁路、航空、水运交通的检疫监督工作。

4.3　应急处理人员的安全防护

要确保参与疫情应急处理人员的安全。针对不同的重大动物疫病，特别是一些重大人畜共患病，应急处理人员还应采取特殊的防护措施。

4.4　突发重大动物疫情应急响应的终止

突发重大动物疫情应急响应的终止需符合以下条件：疫区内所有的动物及其产品按规定处理后，经过该疫病的至少一个最长潜伏期无新的病例出现。

特别重大突发动物疫情由农业部对疫情控制情况进行评估，提出终止应急措施的建议，按程序报批宣布。

重大突发动物疫情由省级人民政府兽医行政管理部门对疫情控制情况进行评估，提出终止应急措施的建议，按程序报批宣布，并向农业部报告。

较大突发动物疫情由市（地）级人民政府兽医行政管理部门对疫情控制情况进行评估，提出终止应急措施的建议，按程序报批宣布，并向省级人民政府兽医行政管理部门报告。

一般突发动物疫情，由县级人民政府兽医行政管理部门对疫情控制情况进行评估，提出终止应急措施的建议，按程序报批宣布，并向上一级和省级人民政府兽医行政管理部门报告。

上级人民政府兽医行政管理部门及时组织专家对突发重大动物疫情应急措施终止的评估提供技术指导和支持。

5　善后处理

5.1　后期评估

突发重大动物疫情扑灭后，各级兽医行政管理部门应在本级政府的领导下，组织有关人员对突发重大动物疫情的处理情况进行评估，提出改进建议和应对措施。

5.2　奖励

县级以上人民政府对参加突发重大动物疫情应急处理作出贡献的先进集体和个人，进行表彰；对在突发重大动物疫情应急处理工作中英勇献身的人员，按有关规定追认为烈士。

5.3　责任

对在突发重大动物疫情的预防、报告、调查、控制和处理过程中，有玩忽职守、失职、渎职等违纪违法行为的，依据有关法律法规追究当事人的责任。

5.4　灾害补偿

按照各种重大动物疫病灾害补偿的规定，确定数额等级标准，按程序进行补偿。

5.5　抚恤和补助

地方各级人民政府要组织有关部门对因参与应急处理工作致病、致残、死亡的人员，按照国家有关规定，给予相应的补助和抚恤。

5.6　恢复生产

突发重大动物疫情扑灭后，取消贸易限制及流通控制等限制性措施。根据各种重大动物疫病的特点，对疫点和疫区进行持续监测，符合要求的，方可重新引进动物，恢复畜牧业生产。

5.7　社会救助

发生重大动物疫情后，国务院民政部门应按《中华人民共和国公益事业捐赠法》和《救灾救济捐赠管理暂行办法》及国家有关政策规定，做好社会各界向疫区提供的救援物资及资金的接收，分配和使用工作。

6　突发重大动物疫情应急处置的保障

突发重大动物疫情发生后，县级以上地方人民政府应积极协调有关部门，做好突发重大动物疫情处理的应急保障工作。

6.1　通信与信息保障

县级以上指挥部应将车载电台、对讲机等通讯工具纳入紧急防疫物资储备范畴，按照规定做好储备保养工作。根据国家有关法规对紧急情况下的电话、电报、传真、通讯频率等予以优先待遇。

6.2　应急资源与装备保障

6.2.1　应急队伍保障

县级以上各级人民政府要建立突发重大动物疫情应急处理预备队伍，具体实施扑杀、消毒、无害化处理等疫情处理工作。

6.2.2　交通运输保障

运输部门要优先安排紧急防疫物资的调运。

6.2.3　医疗卫生保障

卫生部门负责开展重大动物疫病（人畜共患病）的人间监测，作好有关预防保障工作。各级兽医行政管理部门在做好疫情处理的同时应及时通报疫情，积极配合卫生部门开展工作。

6.2.4　治安保障

公安部门、武警部队要协助做好疫区封锁和强制扑杀工作，做好疫区安全保卫和社会治安管理。

6.2.5　物资保障

各级兽医行政管理部门应按照计划建立紧急防疫物资储备库，储备足够的药品、疫苗、诊断试剂、器械、防护用品、交通及通信工具等。

6.2.6　经费保障

各级财政部门为突发重大动物疫病防治工作提供合理而充足的资金保障。

各级财政在保证防疫经费及时、足额到位的同时，要加强对防疫经费使用的管理和监督。

各级政府应积极通过国际、国内等多渠道筹集资金，用于突发重大动物疫情应急处理工作。

6.3　技术储备与保障

建立重大动物疫病防治专家委员会，负责疫病防控策略和方法的咨询，参与防控技术方案的策划、制定和执行。

设置重大动物疫病的国家参考实验室，开展动物疫病诊断技术、防治药物、疫苗等的研究，作好技术和相关储备工作。

6.4　培训和演习

各级兽医行政管理部门要对重大动物疫情处理预备队成员进行系统培训。

在没有发生突发重大动物疫情状态下，农业部每年要有计划地选择部分地区举行演练，确保预备队扑灭疫情的应急能力。地方政府可根据资金和实际需要的情况，组织训练。

6.5　社会公众的宣传教育

县级以上地方人民政府应组织有关部门利用广播、影视、报刊、互联网、手册等多种形式对社会公众广泛开展突发重大动物疫情应急知识的普及教育，宣传动物防疫科普知识，指导群众以科学的行为和方式对待突发重大动物疫情。要充分发挥有关社会团体在普及动物防疫应急知识、科普知识方面的作用。

7　各类具体工作预案的制定

农业部应根据本预案，制定各种不同重大动物疫病应急预案，并根据形势发展要求，及时进行修订。

国务院有关部门根据本预案的规定，制定本部门职责范围内的具体工作方案。

县级以上地方人民政府根据有关法律法规的规定，参照本预案并结合本地区实际情况，组织制定本地区突发重大动物疫情应急预案。

五、动物疫情报告管理办法

第四条　各级动物防疫监督机构实施辖区内动物疫情报告工作。

第五条　动物疫情实行逐级报告制度。

县、地、省动物防疫监督机构、全国畜牧兽医总站建立四级疫情报告系统。

国务院畜牧兽医行政管理部门在全国布设的动物疫情测报点（简称“国家测报点”）直接向全国畜牧兽医总站报告。

第六条　动物疫情报告实行快报、月报和年报制度。

一、快报

有下列情形之一的必须快报：

1. 发生一类或者疑似一类动物疫病；

2. 二类、三类或者其他动物疫病呈暴发性流行；

3. 新发现的动物疫情；

4. 已经消灭又发生的动物疫病。

县级动物防疫监督机构和国家测报点确认发现上述动物疫情后，应在 24 小时之内快报至全国畜牧兽医总站。全国畜牧兽医总站应在 12 小时内报国务院畜牧兽医行政管理部门。

二、月报

县级动物防疫监督机构对辖区内当月发生的动物疫情，于下一个月 5 日前将疫情报告地级动物防疫监督机构；地级动物防疫监督机构每月 10 日前，报告省级动物防疫监督机构；省级动物防疫监督机构于每月 15 日前报全国畜牧兽医总站；全国畜牧兽医总站将汇总分析结果于每月 20 日前报国务院畜牧兽医行政管理部门。

三、年报

县级动物防疫监督机构每年应将辖区内上一年的动物疫情在1月10日前报告地(市)级动物防疫监督机构;地(市)级动物防疫监督机构应当在1月20日前报省级动物防疫监督机构;省级动物防疫监督机构应当在1月30日前报全国畜牧兽医总站;全国畜牧兽医总站将汇总分析结果于2月10日前报国务院畜牧兽医行政管理部门。

第七条 各级动物防疫监督机构和国家测报点在快报、月报、年报动物疫情时,必须同时报告当地畜牧兽医行政管理部门。

省级动物防疫监督机构和国家测报点报告疫情时,须同时报告国务院畜牧兽医行政管理部门,并抄送农业部动物检疫所进行分析研究。

第八条 疫情报告以报表形式上报。需要文字说明的,要同时报告文字材料。全国畜牧兽医总站统一制定动物疫情快报、月报、年报报表。

第九条 从事动物饲养、经营及动物产品生产、经营和从事动物防疫科研、科学、诊疗及进出境动物检疫等单位和个人,应当建立本单位疫情统计、登记制度,并定期向当地动物防疫监督机构报告。

六、病死及死因不明动物处置办法(试行)

第二条 本办法适用于饲养、运输、屠宰、加工、贮存、销售及诊疗等环节发现的病死及死因不明动物的报告、诊断及处置工作。

第三条 任何单位和个人发现病死或死因不明动物时,应当立即报告当地动物防疫监督机构,并做好临时看管工作。

第四条 任何单位和个人不得随意处置及出售、转运、加工和食用病死或死因不明动物。

第五条 所在地动物防疫监督机构接到报告后,应立即派员到现场作初步诊断分析,能确定死亡病因的,应按照国家相应动物疫病防治技术规范的规定进行处理。

对非动物疫病引起死亡的动物,应在当地动物防疫监督机构指导下进行处理。

第六条 对病死但不能确定死亡病因的,当地动物防疫监督机构应立即采样送县级以上动物防疫监督机构确诊。对尸体要在动物防疫监督机构的监督下进行深埋、化制、焚烧等无害化处理。

第七条 对发病快、死亡率高等重大动物疫情,要按有关规定及时上报,对死亡动物及发病动物不得随意进行解剖,要由动物防疫监督机构采取临时性的控制措施,并采样送省级动物防疫监督机构或农业部指定的实验室进行确诊。

第八条 对怀疑是外来病，或者是国内新发疫病，应立即按规定逐级报至省级动物防疫监督机构，对动物尸体及发病动物不得随意进行解剖。经省级动物防疫监督机构初步诊断为疑似外来病，或者是国内新发疫病的，应立即报告农业部，并将病料送国家外来动物疫病诊断中心（农业部动物检疫所）或农业部指定的实验室进行诊断。

第九条 发现病死及死因不明动物所在地的县级以上动物防疫监督机构，应当及时组织开展死亡原因或流行病学调查，掌握疫情发生、发展和流行情况，为疫情的确诊、控制提供依据。

出现大批动物死亡事件或发生重大动物疫情的，由省级动物防疫监督机构组织进行死亡原因或流行病学调查；属于外来病或国内新发疫病，国家动物流行病学研究中心及农业部指定的疫病诊断实验室要派人协助进行流行病学调查工作。

第十条 除发生疫情的当地县级以上动物防疫监督机构外，任何单位和个人未经省级兽医行政主管部门批准，不得到疫区采样、分离病原、进行流行病学调查。当地动物防疫监督机构或获准到疫区采样和流行病学调查的单位和个人，未经原审批的省级兽医行政主管部门批准，不得向其他单位和个人提供所采集的病料及相关样品和资料。

第十一条 在对病死及死因不明动物采样、诊断、流行病学调查、无害化处理等过程中，要采取有效措施做好个人防护和消毒工作。

第十二条 发生动物疫情后，动物防疫监督机构应立即按规定逐级报告疫情，并依法对疫情作进一步处置，防止疫情扩散蔓延。动物疫情监测机构要按规定做好疫情监测工作。

第十三条 确诊为人畜共患疫病时，兽医行政主管部门要及时向同级卫生行政主管部门通报。

第十四条 各地应根据实际情况，建立病死及死因不明动物举报制度，并公布举报电话。对举报有功的人员，应给予适当奖励。

第十五条 对病死及死因不明动物各项处理，各级动物防疫监督机构要按规定做好相关记录、归档等工作。

第十六条 对违反规定经营病死及死因不明动物的或不按规定处理病死及死因不明动物的单位和个人，按《动物防疫法》有关规定处理。

第十七条 各级兽医行政主管部门要采取多种形式，宣传随意处置及出售、转运、加工和食用病死或死因不明动物的危害性，提高群众防病意识和自我保护能力。

七、河北省动物防疫条例

第十四条 任何单位或者个人发现患有疫病或者疑似疫病的动物，应当及时向当地动物防疫监督机构报告。动物防疫监督机构应当迅速采取措施控制疫病，并按照国家和本省的有关规定上报。

第十五条 在饲养、经营动物和生产、经营动物产品活动中，畜（货）主发现染疫或者疑似染疫动物、动物产品时，必须立即停止上述活动，向当地动物防疫监督机构报告，并按照动物防疫监督机构的要求采取相应的防疫措施。

第十六条 发生一类动物疫病、新的动物疫病或者二、三类动物疫病呈暴发流行时，县级以上人民政府畜牧兽医行政管理部门应当及时报告同级人民政府。同级人民政府接到报告后，应当立即发布封锁令，启动应急预案，报上一级人民政府备案，通报毗邻地区；组织当地畜牧兽医、公安、交通、工商行政管理、卫生等部门和疫情发生地的乡、民族乡、镇人民政府，采取封锁、隔离、扑杀、销毁、消毒和紧急免疫接种等强制性控制、扑灭措施，迅速扑灭疫病。

第十七条 发生一类动物疫病、新的动物疫病或者二、三类动物疫病呈暴发流行时，疫点、疫区和受威胁区应当分别采取相应措施。

（一）疫点应当采取的措施：

1.在疫点出入口设置警示标志和消毒设施，对出入疫点的人员、运载工具、污染物品，采取消毒和其他限制性措施；

2.禁止动物、动物产品流出疫点；

3.对疫点内病死的动物、动物圈舍、动物排泄物、垫料、污水和其他受污染的物品、场地，进行消毒和无害化处理；

4.对染疫、疑似染疫、同群动物进行扑杀和无害化处理。

（二）疫区应当采取的措施：

1.在疫区周围设置警示标志，禁止易感染动物出入和易感染动物产品运出；

2.在出入疫区的交通路口设置临时消毒检查站，对出入的人员和车辆进行消毒；

3.禁止易感染动物、动物产品的经营或者流动；

4.对易感染动物进行疫病检测，对健康的动物实施紧急免疫接种；

5.对易感染动物实行圈养或者在指定地点放养，役用动物限制在疫区内使役；

6.对动物圈舍、动物排泄物、垫料、污水和其他受污染的物品、场地，进行消毒和无害化处理。

（三）受威胁区应当采取的措施：

1. 对易感染动物进行疫病普查，并实施紧急免疫接种；

2. 禁止从疫区购进易感染动物及动物产品或者到疫区放牧；

3. 确定人员监测动物疫情。

第十八条 在封锁的疫点、疫区内，染疫动物全部扑杀并销毁后，经过对该疫病一个潜伏期以上的监测，未再出现新病例的，由所在地畜牧兽医行政管理部门报原发布封锁令的机关解除封锁令，报上一级人民政府备案，并通报毗邻地区。

八、河北省实施《重大动物疫情应急条例》办法

第十四条 县级以上人民政府根据重大动物疫情应急需要，可以成立应急预备队，具体承担疫情的控制和扑灭任务。应急预备队应当每年进行一次以上的技术培训和应急演练。

第十五条 毗邻地区发生重大动物疫情时，县级以上人民政府可以根据重大动物疫情防控需要，对本行政区域内的全部或者部分易感动物实行强制免疫。

第十六条 县级以上人民政府及其畜牧兽医主管部门应当通过广播、电视、报刊、网络、热线电话、宣传资料等方式，宣传重大动物疫情应急知识和防控重大动物疫病科普知识，提高全社会对重大动物疫情的防范意识。

第十九条 从事动物饲养、屠宰加工、运输、经营以及动物隔离、疫情监测、疫病研究与诊疗、检验检疫等活动的有关单位和个人，发现动物群体发病或者死亡的，应当立即向所在地的县（市、区）动物防疫监督机构报告，也可以向其派出机构报告，并保护好现场。派出机构接到报告后，应当立即向县（市、区）动物防疫监督机构报告。对发病或者死亡的动物及其污染物，应当在动物防疫监督机构的监督下按国家有关规定处理，不得随意处置。

第二十条 县（市、区）动物防疫监督机构接到报告后，应当立即派两名以上具有规定资格的兽医专业技术人员赶赴现场调查核实。初步认为属于重大动物疫情的，应当在 2 小时内将情况逐级报省动物防疫监督机构，同时报所在地人民政府畜牧兽医主管部门。畜牧兽医主管部门应当及时通报同级卫生主管部门。省动物防疫监督机构、省畜牧兽医主管部门应当按《条例》规定的程序、时限和内容报告疫情。

第二十一条 重大动物疫情分为四级，即Ⅰ级（特别重大）、Ⅱ级（重大）、Ⅲ级（较大）、Ⅳ级（一般）。具体分级标准由《河北省突发重大动物疫情应急预案》规定。Ⅳ级重大动物疫情由县级人民政府畜牧兽医主管部门认定；Ⅲ级重大动物疫情由设区的市人民政府畜牧兽医主管部门认定；Ⅱ级和Ⅰ级重大动物疫情由省人民政

府畜牧兽医主管部门认定，必要时报国务院兽医主管部门认定。

第二十二条 在重大动物疫情报告期间，有关动物防疫监督机构应当立即对疑似重大动物疫情的疫点采取以下临时隔离控制措施：

（一）严禁动物、动物产品及受污染或者可能受污染的物品移出；

（二）进行全面严格消毒；

（三）限制人员、车辆出入，并对出入人员及车辆严格消毒；

（四）进行流行病学调查；

（五）需要采取的其他措施。必要时，当地县级以上人民政府可以作出封锁决定并采取扑杀、销毁等措施。有关单位和个人应当执行。

第二十三条 重大动物疫情可能感染人群时，卫生主管部门应当对疫区内易受感染的人群进行监测，并采取相应的预防、控制措施。卫生主管部门和畜牧兽医主管部门应当及时相互通报情况。

第二十四条 重大动物疫情发生后，县级以上人民政府设立的重大动物疫情应急指挥部按统一领导、分级管理、果断处置、措施得当的原则，指挥重大动物疫情应急工作。各有关部门和单位必须服从领导、听从指挥、密切配合、互相支持，切实履行规定职责。

第二十五条 重大动物疫情发生后，疫情发生地的县级以上人民政府畜牧兽医主管部门应当按国务院兽医主管部门规定的标准，立即划定疫点、疫区和受威胁区，调查疫源，并根据应急预案分级响应的规定，向本级人民政府提出启动重大动物疫情应急指挥系统、应急预案和对疫区实行封锁的建议。有关人民政府应当立即作出决定。决定对疫区实行封锁的，应当发布封锁令。各有关部门应当在封锁令发布后迅速将封锁措施落实到位，严防疫情传出。

第二十六条 Ⅳ级重大动物疫情由县级人民政府启动本级应急预案；Ⅲ级重大动物疫情由设区的市人民政府启动本级应急预案；Ⅱ级重大动物疫情由省人民政府启动本级应急预案；Ⅰ级重大动物疫情应急预案的启动按国家有关规定执行。上级人民政府启动应急预案时，相关的下级人民政府应当启动本级应急预案。

第二十七条 重大动物疫情发生后，疫情发生地的县级以上人民政府应当按《条例》的规定对疫点、疫区和受威胁区采取相应的措施。

第二十八条 重大动物疫情应急处理中设置临时动物检疫消毒站以及采取隔离、扑杀、销毁、消毒、紧急免疫接种等控制、扑灭措施的，由有关重大动物疫情应急指挥部决定，有关单位和个人必须服从；拒不服从的，由公安机关协助执行。

第二十九条 县级人民政府重大动物疫情应急指挥部应当安排专人对扑杀、销毁动物及动物产品的数量进行清点，开具清单，由畜（货）主签字或者盖章。

第三十条 对疫区、受威胁区内易感染的动物免费实行紧急免疫接种；对因防控重大动物疫情采取扑杀、销毁等措施，给当事人造成经济损失的，有关人民政府应当按国家规定给予合理补偿，并及时支付给畜（货）主。

第三十一条 任何单位和个人不得藏匿、转移、盗掘被依法隔离、封存、处理的动物及动物产品。

第三十二条 重大动物疫情应急指挥部根据应急处理需要，有权紧急调集本行政区域的人员、物资、运输工具以及相关设施、设备。单位和个人的物资、运输工具以及相关设施、设备被征集使用的，有关应急指挥部应当出具凭证，由有关人民政府负责及时归还并给予合理补偿；无法归还的，应当予以赔偿。

第三十三条 县级以上人民政府公安机关应当密切注视与重大动物疫情有关的社会动态，维护疫区的社会秩序，配合畜牧兽医主管部门做好疫区的封锁、动物扑杀等工作，及时、妥善处置与重大动物疫情有关的突发事件。

第三十四条 重大动物疫情发生时，县级以上人民政府工商行政管理部门根据封锁令的规定，及时关闭疫区内的动物及其产品交易市场。

第三十五条 重大动物疫情发生时，航空、铁路、公路、水路等运输部门，应当优先运送控制、扑灭疫情的人员和有关物资。

第三十六条 重大动物疫情应急处理中，乡镇人民政府、村民委员会、居民委员会、企事业单位以及其他社会组织应当组织力量，协助做好信息的收集、报告及各项应急处理措施的落实工作。

第三十七条 自疫区内最后一头（只）发病动物及其同群动物处理完毕起，经过一个潜伏期以上的监测，未出现新的病例的，彻底消毒后，经上一级动物防疫监督机构验收合格，由原发布封锁令的人民政府宣布解除封锁，撤销疫区；由原批准机关撤销在该疫区设立的临时动物检疫消毒站。

第三十八条 疫区解除封锁后，当地动物防疫监督机构应当按有关规定继续对疫点和疫区进行持续监测。

第三十九条 重大动物疫情应急工作结束后，县级以上人民政府畜牧兽医主管部门应当组织有关单位和人员对疫情处理情况进行评估，写出评估报告，报本级人民政府和省人民政府畜牧兽医主管部门。评估的主要内容包括：

（一）疫情基本情况；

（二）疫情发生经过、现场调查及实验室检测结果；

（三）疫情发生的主要原因、疫源追踪结论；

（四）疫情处理经过、采取的应急措施及效果；

（五）应急处理过程中存在的问题及改进的建议。

有关部门应当按国家和省人民政府的规定，对受损单位和个人进行扶持，引导其调整产业结构，进行生产自救。

九、河北省动物重点疫病预防控制扑灭管理办法

第十条 动物防疫监督机构和乡（镇）动物防疫组织应当设置动物实验诊断室，按规定配备必要的仪器设备，并建立健全动物重点疫病的诊断、监测记录等档案。

第十一条 不具备兽医诊断实验条件的地区在突发动物重点疫病时，可以由二名具有兽医师以上职称的专业技术人员进行诊断，并采取相应的预防、控制、扑灭措施。

第十六条 对人、畜共患的动物重点疫病，动物防疫监督机构应当及时与卫生部门通报疫情。卫生部门应当协助动物防疫监督机构实施预防、控制、扑灭工作。

第十八条 未经国务院畜牧兽医行政管理部门和省畜牧兽医行政管理部门批准，任何单位和个人不得公布动物重点疫病疫情或者进行动物重点疫病的宣传、咨询活动。

第二十一条 因预防、控制、扑灭动物重点疫病给畜（货）主造成的经济损失，各级人民政府应当依照国家有关规定给予适当补助。因畜（货）主违反动物防疫法律、法规和规章的有关规定引起动物疫情暴发扩散造成的经济损失，由畜（货）主承担。

第三节 动物疫病监测及流行病学调查相关法律法规

一、中华人民共和国动物防疫法

第十五条 县级以上人民政府应当建立健全动物疫情监测网络，加强动物疫情监测。

国务院兽医主管部门应当制定国家动物疫病监测计划。省、自治区、直辖市人民政府兽医主管部门应当根据国家动物疫病监测计划，制定本行政区域的动物疫病监测计划。

动物疫病预防控制机构应当按照国务院兽医主管部门的规定，对动物疫病的发生、流行等情况进行监测；从事动物饲养、屠宰、经营、隔离、运输以及动物产品生产、经营、加工、贮藏等活动的单位和个人不得拒绝或者阻碍。

第十六条 国务院兽医主管部门和省、自治区、直辖市人民政府兽医主管部门应当根据对动物疫病发生、流行趋势的预测，及时发出动物疫情预警。地方各级人民政府接到动物疫情预警后，应当采取相应的预防、控制措施。

二、中华人民共和国传染病防治法

第二十二条 疾病预防控制机构、医疗机构的实验室和从事病原微生物实验的单位，应当符合国家规定的条件和技术标准，建立严格的监督管理制度，对传染病病原体样本按照规定的措施实行严格监督管理，严防传染病病原体的实验室感染和病原微生物的扩散。

第二十六条 国家建立传染病菌种、毒种库。

对传染病菌种、毒种和传染病检测样本的采集、保藏、携带、运输和使用实行分类管理，建立健全严格的管理制度。

对可能导致甲类传染病传播的以及国务院卫生行政部门规定的菌种、毒种和传染病检测样本，确需采集、保藏、携带、运输和使用的，须经省级以上人民政府卫生行政部门批准。具体办法由国务院制定。

第三十六条 动物防疫机构和疾病预防控制机构，应当及时互相通报动物间和人间发生的人畜共患传染病疫情以及相关信息。

三、重大动物疫情应急条例

第十五条 动物防疫监督机构负责重大动物疫情的监测，饲养、经营动物和生产、经营动物产品的单位和个人应当配合，不得拒绝和阻碍。

第二十一条 重大动物疫病应当由动物防疫监督机构采集病料，未经国务院兽医主管部门或者省、自治区、直辖市人民政府兽医主管部门批准，其他单位和个人不得擅自采集病料。

从事重大动物疫病病原分离的，应当遵守国家有关生物安全管理规定，防止病原扩散。

四、国家突发重大动物疫情应急预案

3 突发重大动物疫情的监测、预警与报告

3.1 监测

国家建立突发重大动物疫情监测、报告网络体系。农业部和地方各级人民政府兽医行政管理部门要加强对监测工作的管理和监督，保证监测质量。

3.2　预警

各级人民政府兽医行政管理部门根据动物防疫监督机构提供的监测信息，按照重大动物疫情的发生、发展规律和特点，分析其危害程度、可能的发展趋势，及时做出相应级别的预警，依次用红色、橙色、黄色和蓝色表示特别严重、严重、较重和一般四个预警级别。

3.3　报告

任何单位和个人有权向各级人民政府及其有关部门报告突发重大动物疫情及其隐患，有权向上级政府部门举报不履行或者不按照规定履行突发重大动物疫情应急处理职责的部门、单位及个人。

五、动物疫情报告管理办法

第六条　动物疫情报告实行快报、月报和年报制度。

一、快报

有下列情形之一的必须快报：

1.发生一类或者疑似一类动物疫病；

2.二类、三类或者其他动物疫病呈暴发性流行；

3.新发现的动物疫情；

4.已经消灭又发生的动物疫病。

县级动物防疫监督机构和国家测报点确认发现上述动物疫情后，应在 24 小时之内快报至全国畜牧兽医总站。全国畜牧兽医总站应在 12 小时内报国务院畜牧兽医行政管理部门。

二、月报

县级动物防疫监督机构对辖区内当月发生的动物疫情，于下一个月 5 日前将疫情报告地级动物防疫监督机构；地级动物防疫监督机构每月 10 日前，报告省级动物防疫监督机构；省级动物防疫监督机构于每月 15 日前报全国畜牧兽医总站；全国畜牧兽医总站将汇总分析结果于每月 20 日前报国务院畜牧兽医行政管理部门。

三、年报

县级动物防疫监督机构每年应将辖区内上一年的动物疫情在 1 月 10 日前报告地(市)级动物防疫监督机构；地(市)级动物防疫监督机构应当在 1 月 20 日前报省级动物防疫监督机构；省级动物防疫监督机构应当在 1 月 30 日前报全国畜牧兽医总站；全国畜牧兽医总站将汇总分析结果于 2 月 10 日前报国务院畜牧兽医行政管理部门。

六、河北省实施《重大动物疫情应急条例》办法

第十八条 动物防疫监督机构执行监测任务时，可以对动物及动物产品采样、留验、抽检。饲养、经营动物和生产、经营动物产品的单位和个人应当配合，不得拒绝和阻碍。

七、河北省动物重点疫病预防控制扑灭管理办法

第二十条 动物防疫监督机构实施动物重点疫病免疫、普查和监测时，接受动物免疫、普查和监测的单位、个人应当予以协助，并提供必要的工作条件和有关资料。

第四节 生物制品相关法律法规

一、中华人民共和国兽药管理条例

第三条 国务院兽医行政管理部门负责全国的兽药监督管理工作。

县级以上地方人民政府兽医行政管理部门负责本行政区域内的兽药监督管理工作。

第四条 国家实行兽用处方药和非处方药分类管理制度。兽用处方药和非处方药分类管理的办法和具体实施步骤，由国务院兽医行政管理部门规定。

第五条 国家实行兽药储备制度。

发生重大动物疫情、灾情或者其他突发事件时，国务院兽医行政管理部门可以紧急调用国家储备的兽药；必要时，也可以调用国家储备以外的兽药。

二、兽用生物制品经营管理办法

第三条 兽用生物制品分为国家强制免疫计划所需兽用生物制品（以下简称国家强制免疫用生物制品）和非国家强制免疫计划所需兽用生物制品（以下简称非国家强制免疫用生物制品）。

国家强制免疫用生物制品名单由农业部确定并公告。

第四条 农业部负责全国兽用生物制品的监督管理工作。

县级以上地方人民政府兽医行政管理部门负责本行政区域内兽用生物制品的

监督管理工作。

第五条 国家强制免疫用生物制品由农业部指定的企业生产，依法实行政府采购，省级人民政府兽医行政管理部门组织分发。

发生重大动物疫情、灾情或者其他突发事件时，国家强制免疫用生物制品由农业部统一调用，生产企业不得自行销售。

农业部对定点生产企业实行动态管理。

第六条 省级人民政府兽医行政管理部门应当建立国家强制免疫用生物制品储存、运输等管理制度。

分发国家强制免疫用生物制品，应当建立真实、完整的分发记录。分发记录应当保存至制品有效期满后2年。

第七条 具备下列条件的养殖场可以向农业部指定的生产企业采购自用的国家强制免疫用生物制品，但应当将采购的品种、生产企业、数量向所在地县级以上地方人民政府兽医行政管理部门备案：

（一）具有相应的兽医技术人员；

（二）具有相应的运输、储藏条件；

（三）具有完善的购入验收、储藏保管、使用核对等管理制度。

养殖场应当建立真实、完整的采购、使用记录，并保存至制品有效期满后2年。

第八条 农业部指定的生产企业只能将国家强制免疫用生物制品销售给省级人民政府兽医行政管理部门和符合第七条规定的养殖场，不得向其他单位和个人销售。

兽用生物制品生产企业可以将本企业生产的非国家强制免疫用生物制品直接销售给使用者，也可以委托经销商销售。

第九条 兽用生物制品生产企业应当建立真实、完整的销售记录，应当向购买者提供批签发证明文件复印件。销售记录应当载明产品名称、产品批号、产品规格、产品数量、生产日期、有效期、收货单位和地址、发货日期等内容。

第十条 非国家强制免疫用生物制品经销商应当依法取得《兽药经营许可证》和工商营业执照。

前款规定的《兽药经营许可证》的经营范围应当载明委托的兽用生物制品生产企业名称及委托销售的产品类别等内容。经营范围发生变化的，经销商应当办理变更手续。

第十一条 兽用生物制品生产企业可以自主确定、调整经销商，并与经销商签订销售代理合同，明确代理范围等事项。

第十二条 经销商只能经营所代理兽用生物制品生产企业生产的兽用生物制品，不得经营未经委托的其他企业生产的兽用生物制品。经销商只能将所代理的产品销售给使用者，不得销售给其他兽药经营企业。

未经兽用生物制品生产企业委托，兽药经营企业不得经营兽用生物制品。

第十三条 养殖户、养殖场、动物诊疗机构等使用者采购的或者经政府分发获得的兽用生物制品只限自用，不得转手销售。

第十四条 县级以上地方人民政府兽医行政管理部门应当依法加强对兽用生物制品生产、经营企业和使用者监督检查，发现有违反《兽药管理条例》和本办法规定情形的，应当依法做出处理决定或者报告上级兽医行政管理部门。

第十五条 各级兽医行政管理部门、兽药检验机构、动物卫生监督机构及其工作人员，不得参与兽用生物制品的生产、经营活动，不得以其名义推荐或者监制、监销兽用生物制品和进行广告宣传。

第十六条 养殖户、养殖场、动物诊疗机构等使用者转手销售兽用生物制品的，或者兽药经营者超出《兽药经营许可证》载明的经营范围经营兽用生物制品的，属于无证经营，按照《兽药管理条例》第五十六条的规定处罚。

第十七条 农业部指定的生产企业违反《兽药管理条例》和本办法规定的，取消其国家强制免疫用生物制品的生产资格，并按照《兽药管理条例》的规定处罚。

第十八条 本办法所称兽用生物制品是指以天然或者人工改造的微生物、寄生虫、生物毒素或者生物组织及代谢产物等为材料，采用生物学、分子生物学或者生物化学、生物工程等相应技术制成的，用于预防、治疗、诊断动物疫病或者改变动物生产性能的兽药。

本办法所称非国家强制免疫用生物制品是指农业部确定的强制免疫用生物制品以外的兽用生物制品。

第十九条 进口兽用生物制品的经营管理适用《兽药进口管理办法》。

三、河北省兽药经营质量管理规范实施细则

第四条 （三）从事兽用生物制品经营的企业，其营业场所除符合前款规定条件外，应设置兽用生物制品贮存的冷冻库、冷藏库等设施。

第六条 （二）兽用生物制品经营企业应当根据经营品种、规模的需要除设置冷冻、冷藏库外，还应设置必要的冰柜、冰箱、保温盒、冷藏运输车、发电机或双电源等设施设备。

（三）经营大批量固体氯制剂消毒剂的兽药经营企业，应当设置独立的固体消

毒剂专库，并配置相应的消防设施，保持良好的通风和干燥。

第九条 （二）兽用生物制品经营企业的质量管理机构负责人应当接受省级兽药监督管理部门组织的培训考核。

第十二条 经营兽用生物制品的企业应当与兽用生物制品生产企业签订委托销售合同，并明确双方责任、义务及委托期限、品种等内容。

第二十条 应做好库房温度、湿度的监测和管理，每天应当定时进行温度、湿度记录。库房温度、湿度超出规定范围后应及时采取措施，并做好记录。

第二十三条 兽用生物制品在运输过程中，应当采取冷藏、保温等有效温度控制措施，并建立详细记录。

第五节 河北省重大动物疫情应急物资储备指导意见

为进一步加强重大动物疫情应急物资储备管理，规范动物防疫应急物资储备工作，根据《重大动物疫情应急条例》、《国家突发重大动物疫情应急预案》、《河北省突发重大动物疫情应急预案》和《河北省中长期动物疫病防治规划（2012—2020年）》相关规定，制定本意见。

一、应急储备

重大动物疫情应急物资储备是指预防、控制、扑灭重大动物疫情所需的交通、通信、疫情处置设施设备以及疫苗、诊断试剂、器械、消毒药品、防护用品等物资。

二、基本原则

1.重大动物疫情应急物资储备坚持“属地管理，分级负责”的原则。省、市、县人民政府对应急物资分级储备，各有侧重、分类储备。

2.根据重大动物疫情应急物资保存的特点、特性和工作需要，应急物资储备采取实物储备和协议储备两种形式。对用于消毒、采样检测、扑杀、封锁、照明以及后勤保障的设备，一般采取实物储备。对消毒药品、防护设备等，除少量实物储备外，可采取协议储备。

三、工作职责

1.省、市、县三级防治重大动物疫病指挥部分别建立重大动物疫情应急物资储备库。

2.各级发展改革部门负责本级应急物资储备库（冷冻库、冷藏库、常温库）基础设施建设。

3. 各级财政部门负责本级应急物资储备经费的计划、拨付和监管。

4. 各级畜牧兽医主管部门负责本级重大动物疫情应急物资储备的计划、招标、调用、补充、调整、更新和监管。

5. 各级动物疫病预防控制机构负责应急物资储备库的建设、维护和应急物资的储存、日常保养维护。

四、储备数量

1. 对重大动物疫情应急物资储备实行定量储备，其中，省级按同时发生 3 个疫点时的应急物资需求量储备，市级按区域内同时发生 2 个疫点时的应急物资需求量储备，县级按区域内发生 1 个疫点时的应急物资需求量储备。

2. 省、市、县应当储备的重大动物疫情应急物资种类、数量见附件 2。

3. 动物疫苗及监测诊断试剂储备种类及数量由各级动物疫病预防控制机构根据动物防疫工作实际需要确定安排。

五、物资采购

1. 重大动物疫情应急物资实行政府招标采购。发生重大动物疫情紧急情况下，对临时增加的应急物资，经财政部门同意，畜牧兽医主管部门可以直接采购。

2. 畜牧兽医主管部门应根据重大动物疫情形势和应急物资储备、调用、耗损状况及动物防疫工作实际需要，及时编制应急物资储备、调整、补充、更新及维护保养计划，并协调同级财政部门落实经费预算，保证应急物资足量储备。

六、物资管理

1. 各级动物疫病预防控制机构要建立健全重大动物疫情应急物资入库、储存、出库、回收、维护保养、定期检查、折旧、处置等方面的管理制度和台账记录。建立完善管理责任制，确定专人负责管理，定期保养维护和盘库，确保物资处于良好状态，随调随用。

2. 重大动物疫情应急物资必须做到"专物专用"，未经畜牧兽医主管部门批准，任何单位和个人不得擅自动用。

3. 发生重大动物疫情应急物资调用时，使用单位需向畜牧兽医主管部门提出申请，畜牧兽医主管部门按程序签发调拨文件。

4. 动物疫病预防控制机构凭畜牧兽医主管部门的调拨文件调拨应急物资。对调用出库的应急物资，应填写出库管理相关记录，及时做好登记。

5. 调用出库的应急物资使用后，对剩余可重复使用的，动物疫病预防控制机构应当及时责成使用单位返还；对已消耗或不可回收的，应填写耗损管理相关记录并说明情况，报畜牧兽医主管部门批准后做耗损处理。

6.重大动物疫情应急储备物资因非人为因素造成损坏以及国家公布淘汰或禁用的，由动物疫病预防控制机构提出申请，报畜牧兽医主管部门批准后做资产处置。

7.突发重大动物疫情需使用上级储备物资的，由下级畜牧兽医主管部门提出申请，经上级畜牧兽医主管部门批准后调用。调用的储备物资应及时归还。

8.动物疫病预防控制机构对应急物资储存、维护保养、调用、回收、耗损、折旧、处置等，每年年末应向畜牧兽医主管部门总结报告。

9.设区市、县畜牧兽医主管部门应急物资储备情况及储存管理责任人，应分别报上级畜牧兽医主管部门备案。

附件1　河北省重大动物疫情应急物资储备库建设指导标准

一、建筑要求

1.省级：冷冻库不少于60立方米，冷藏库不少于100立方米，常温库不少于200立方米。

2.市级：冷冻库不少于40立方米，冷藏库不少于45立方米，常温库不少于100立方米。

3.县级：冷冻库不少于20立方米，冷藏库不少于20立方米，常温库不少于50立方米。

二、库内设施

存放应急物资的库房应符合物资储存的具体条件和要求，要避光、通风良好，有防火、防雷、防盗、防潮、防鼠、防污染等措施。

1.防火设施：有灭火器等防火器材，符合消防部门要求。

2.防盗设施：有防盗门、窗护栏等，符合公安部门防盗要求。

3.防潮设施：有货架、垫物。

4.通风排气设施：有通风口，设排风扇。

5.遮光设施：有窗帘等遮光物。

6.照明设施：要求灯光明亮(设有应急灯)。

7.防鼠设施：防鼠进入。

8.有火警、盗警电话标示牌。

9. 储备物资标牌：要标明物资名称、规格、型号、数量、生产日期、保质期等。

三、有关要求

1. 设有保管员办公室，专人保管，并配有电脑。

2. 设有总账、分类账、出入库账簿。

3. 各项管理制度公示上墙。

附件2　河北省重大动物疫情应急物资储备指导标准

单位：台/辆/个/吨/米

类别	物品名称	数量			备注
		省级	市级	县级	
管理设备	台式电脑	1	2	1	
	笔记本	3	2	1	
	打印机	3	2	1	
应急交通设备	应急处置指挥车	1	1	1	
	疫病快速诊断车	1	1	1	有条件的配备
	冷藏车	1	1	1	
	人员快速运送车	1	1	1	有条件的配备
应急通信设备	应急通信设备	8	6	6	对讲机
采样诊断设备	采样箱	3	2	4	
	防疫应急工作箱	3	2	4	
	冰箱		1	1	
	低温冰柜		1	1	
扑杀设备	便携式扑杀器	30	20	10	
	高效连续扑杀器	3	2	1	

续表

类别	物品名称	数量			备注
		省级	市级	县级	
人员防护用品	应急指挥服	12	8	8	
	透气分体防护服	300	200	100	
	一次性防护服	300	200	200	
	乳胶手套	300	200	200	
	N95 口罩	500	300	200	
	长筒胶靴	300	200	100	
	护目镜	300	200	100	
消毒设备	车载高压消毒机	1	1	1	
	电动高压消毒机	3	2	1	
	机动高压消毒机	3	2	1	
	机动背负压式消毒器	30	20	10	
	火焰消毒机	10	5	2	
	消毒垫	300	200	100	
	消毒车		1	1	
封锁及照明设备	防疫警示牌	30	20	10	
	标示牌	30	20	10	
	封锁警戒线	30 000	20 000	10 000	
	应急灯	300	20	50	
	手电	30	20	50	
	发电机	1	1	1	
无害化处理物资	高强度防渗漏尸体袋	1 000	500	200	
	一次性尼龙编织袋	3 000	2 000	1 000	

续表

类别	物品名称	数量			备注
		省级	市级	县级	
后勤保障物资	帐篷	3	2	1	
	棉大衣	50	100	100	
	雨衣	50	100	100	
	电暖气	3	2	1	
	连续注射器	300	200	100	
	毛巾	1 000	500	200	
	冷藏包			25	
消毒药品	碘制剂	30	10	3	
	氯制剂	30	10	3	
	醛制剂	30	10	3	
	火碱		2	1	
	生石灰			50	
疫苗、诊断试剂、实验器材	分别按相关疫病防控实施方案规定的数量进行储存				
注:以上物品除冰箱、冰柜、发电机、对讲机、车辆和管理设备外以发生一个疫点计。					

河北省农业厅办公室　　2013 年 8 月 12 日印

第六节　兽用生物制品冷链建设和管理的原则及相关法律、法规、文件

一、相关法律、法规、文件

《中华人民共和国动物防疫法》第六十五条:县级以上人民政府应当储备动物疫情应急处理工作所需的防疫物资。

《中华人民共和国兽药管理条例》第五条:国家实行兽药储备制度。

《重大动物疫情应急条例》第十一条:国务院有关部门和县级以上地方人民政府及其有关部门,应当根据重大动物疫情应急预案的要求,确保应急处理所需疫

苗、药品、设施设备和防护用品等物资的储备。

《国家中长期动物疫病防治规划(2012—2020年)》六、能力建设(三)提升动物疫病强制免疫能力。依托县级动物疫病预防控制中心、乡镇兽医站和村级兽医室,构建基层动物疫病强制免疫工作网络,强化疫苗物流冷链和使用管理。

《河北省实施〈重大动物疫情应急条例〉办法》第十二条:县级以上人民政府及其有关部门应当根据重大动物疫情应急预案,储备足够的疫苗、诊断试剂、药品、设施设备、防护用品等应急物资,并根据其特性及时更新、周转,保证应急需要及有效使用。

《河北省兽药经营质量管理规范实施细则》第六条:(二)兽用生物制品经营企业应当根据经营品种、规模的需要除设置冷冻、冷藏库外,还应设置必要的冰柜、冰箱、保温盒、冷藏运输车、发电机或双电源等设施设备。第十条兽药经营企业应当制定《规范》中规定的质量管理文件、质量管理档案、标准操作规程和各种经营活动记录。各类记录要真实、准确和完整,并有经手人或者责任人签字,确保兽药产品的可追溯性。

《河北省中长期动物疫病防治规划(2012—2020年)》第七部分第三条:能力建设:提升动物疫病强制免疫能力。依托县级动物疫病预防控制中心、乡(镇)动物防疫站和村级防疫员,构建基层动物疫病强制免疫网络,强化疫苗供应、保存和使用管理。

二、冷链建设和管理总体要求

规范化、制度化、常态化

规范化:对冷链建设和管理要按照科学的方法、相关专业的基本要求和规定的标准进行规范化建设和管理。

制度化:在冷链管理工作中,要制定相关的制度和规定,按照制度规定的要求进行监督、管理、操作。

常态化:把生物制品冷链建设和管理工作纳入动物疫病防控日常工作的一部分,常抓不懈。

三、冷链配置的原则

全面覆盖,按需配置

全面覆盖:运输、贮藏兽用生物制品过程中所需冷链的设施设备、相关物品要进行全面配置,不能遗漏;运输、贮藏、使用兽用生物制品的各级动物疫病防控机构、单位、养殖场、符合条件的兽用生物制品经营门市等都要配备相适应的冷链设施设备、物品。

按需配置：就是要按照畜禽养殖量、兽用生物制品的使用量、贮藏量等需要进行冷链配置，避免配置偏少不够使用和超量配置造成的浪费。

四、冷链管理需要制定的相关制度

质量管理机构和人员职责，仓库管理人员岗位职责，设施设备管理制度，设施设备清洁制度，兽用生物制品储藏环境和温度控制管理制度，运输管理制度，安全用电制度，消防制度，重大污染事故应急处理制度，兽用生物制品冷链建设和管理有关的其他制度、规定。

第二章 现行动物疫病防控组织体系及框架

第一节 动物疫病的分类

根据《中华人民共和国动物防疫法》所述，动物疫病是指动物传染病、寄生虫病。

农业部根据动物疫病的危害程度将动物疫病分为三类。

一、一类动物疫病

一类动物疫病是指对人畜危害严重，需要采取紧急、严厉的强制预防、控制、扑灭措施的疫病。发生一类动物疫病时应立即报告疫情；在迅速展开疫情调查基础上由同级人民政府发布封锁令对疫区实行封锁；在疫区内采取彻底的消毒灭原措施；对受威胁区易感动物展开紧急预防免疫接种。

一类动物疫病共 17 种，包括口蹄疫、猪水疱病、猪瘟、非洲猪瘟、高致病性猪蓝耳病、非洲马瘟、牛瘟、牛传染性胸膜肺炎、牛海绵状脑病、痒病、蓝舌病、小反刍兽疫、绵羊痘和山羊痘、高致病性禽流感、新城疫、鲤春病毒血症、白斑综合征。

二、二类动物疫病

二类动物疫病是指可造成重大经济损失，需要采取严格控制、扑灭措施的疫病。发生二类动物疫病时应立即报告疫情；在迅速展开疫情调查基础上由同级畜牧兽医主管部门划定疫区和受威胁区；在疫区内采取彻底的消毒灭原措施；对受威胁区易感动物展开紧急预防免疫接种。

二类动物疫病共 77 种，包括：

多种动物共患病（9 种）：狂犬病、布鲁氏菌病、炭疽、伪狂犬病、魏氏梭菌病、副结核病、弓形虫病、棘球蚴病、钩端螺旋体病。

牛病(8种)：牛结核病、牛传染性鼻气管炎、牛恶性卡他热、牛白血病、牛出血性败血病、牛梨形虫病(牛焦虫病)、牛锥虫病、日本血吸虫病。

绵羊和山羊病(2种)：山羊关节炎脑炎、梅迪-维斯纳病。

猪病(12种)：猪繁殖与呼吸综合征(经典猪蓝耳病)、猪乙型脑炎、猪细小病毒病、猪丹毒、猪肺疫、猪链球菌病、猪传染性萎缩性鼻炎、猪支原体肺炎、旋毛虫病、猪囊尾蚴病、猪圆环病毒病、副猪嗜血杆菌病。

马病(5种)：马传染性贫血、马流行性淋巴管炎、马鼻疽、马巴贝斯虫病、伊氏锥虫病。

禽病(18种)：鸡传染性喉气管炎、鸡传染性支气管炎、传染性法氏囊病、马立克氏病、产蛋下降综合征、禽白血病、禽痘、鸭瘟、鸭病毒性肝炎、鸭浆膜炎、小鹅瘟、禽霍乱、鸡白痢、禽伤寒、鸡败血支原体感染、鸡球虫病、低致病性禽流感、禽网状内皮组织增殖症。

兔病(4种)：兔病毒性出血病、兔黏液瘤病、野兔热、兔球虫病。

蜜蜂病(2种)：美洲幼虫腐臭病、欧洲幼虫腐臭病。

鱼类病(11种)：草鱼出血病、传染性脾肾坏死病、锦鲤疱疹病毒病、刺激隐核虫病、淡水鱼细菌性败血症、病毒性神经坏死病、流行性造血器官坏死病、斑点叉尾鮰病毒病、传染性造血器官坏死病、病毒性出血性败血症、流行性溃疡综合征。

甲壳类病(6种)：桃拉综合征、黄头病、罗氏沼虾白尾病、对虾杆状病毒病、传染性皮下和造血器官坏死病、传染性肌肉坏死病。

三、三类动物疫病

三类动物疫病是指常见多发、可能造成重大经济损失、需要控制和净化的疫病。发生三类动物疫病时，当地人民政府和畜牧兽医部门应当按照动物疫病预防计划和国务院畜牧兽医行政管理部门的有关规定组织防治和净化。

三类动物疫病共63种，包括：

多种动物共患病(8种)：大肠杆菌病、李氏杆菌病、类鼻疽、放线菌病、肝片吸虫病、丝虫病、附红细胞体病、Q热。

牛病(5种)：牛流行热、牛病毒性腹泻/黏膜病、牛生殖器弯曲杆菌病、毛滴虫病、牛皮蝇蛆病。

绵羊和山羊病(6种)：肺腺瘤病、传染性脓疱、羊肠毒血症、干酪性淋巴结炎、绵羊疥癣、绵羊地方性流产。

马病(5种)：马流行性感冒、马腺疫、马鼻腔肺炎、溃疡性淋巴管炎、马媾疫。

猪病(4 种):猪传染性胃肠炎、猪流行性感冒、猪副伤寒、猪密螺旋体痢疾。

禽病(4 种):鸡病毒性关节炎、禽传染性脑脊髓炎、传染性鼻炎、禽结核病。

蚕、蜂病(7 种):蚕型多角体病、蚕白僵病、蜂螨病、瓦螨病、亮热厉螨病、蜜蜂孢子虫病、白垩病。

犬猫等动物病(7 种):水貂阿留申病、水貂病毒性肠炎、犬瘟热、犬细小病毒病、犬传染性肝炎、猫泛白细胞减少症、利什曼病。

鱼类病(7 种):鮰类肠败血症、迟缓爱德华氏菌病、小瓜虫病、黏孢子虫病、三代虫病、指环虫病、链球菌病。

甲壳类病(2 种):河蟹颤抖病、斑节对虾杆状病毒病。

贝类病(6 种):鲍脓疱病、鲍立克次体病、鲍病毒性死亡病、包纳米虫病、折光马尔太虫病、奥尔森派琴虫病。

两栖与爬行类病(2 种):鳖腮腺炎病、蛙脑膜炎败血金黄杆菌病。

第二节　当前动物疫病防控政策

动物防疫工作的目标是努力确保不发生区域性重大动物疫情,切实保障畜牧业生产安全、公共卫生安全和生态安全。H_7N_9流感及高致病性禽流感、口蹄疫、猪瘟、高致病性猪蓝耳病、小反刍兽疫、布病和鸡新城疫等重大动物疫病力争不发生,确保有疫不扩散。其他动物疫病得到有效控制。

每年年初,农业部根据国内外动物疫情流行形势和工作目标,制定印发当年度的《重大动物疫病防控工作实施方案》、《主要动物疫病免疫工作方案》、《监测与流行病学调查方案》和《兽医工作要点》,上述文件是地方各级动物防疫机构开展动物防疫工作的主要政策依据。地方各级重大动物疫病防控指挥部根据农业部发布的《重大动物疫病防控工作实施方案》等文件精神,结合本地动物防疫工作实际情况制定当地的《实施方案》及免疫、疫病监测及流行病学调查等实施计划,指导当地动物疫病防控工作的开展。

动物防疫以预防为主,并采取建立无规定动物疫病区、种畜禽场疫病净化等措施,逐步净化和消灭动物疫病。

按照《2018 年邯郸市重大动物疫病防控工作实施方案》和《2018 年邯郸市主要动物疫病免疫工作方案》规定,我市对高致病性禽流感、口蹄疫、小反刍兽疫、布鲁氏菌病实施强制免疫;对猪瘟、高致病性猪蓝耳病、鸡新城疫、狂犬病实施全面免疫,各地根据实际可实施强制免疫;对猪流行性乙型脑炎、炭疽、流行性腹泻、包虫病等病在流行区域指导实施免疫。

强制免疫病种，群体免疫密度应常年保持在 90% 以上，其中应免畜禽免疫密度应达到 100%。高致病性禽流感、口蹄疫和小反刍兽疫免疫抗体合格率全年保持在 80% 以上。

高致病性禽流感：对所有鸡、水禽（鸭、鹅）以及人工饲养的鹌鹑、鸽子等，进行 H_5 亚型和 H_7 亚型高致病性禽流感免疫。供研究和疫苗生产用的家禽、进口国（地区）明确要求不得实施高致病性禽流感免疫的出口家禽，经报省厅批准后，可不实施免疫。

口蹄疫：对所有猪、牛、羊、骆驼、鹿进行 O 型口蹄疫免疫；对所有奶牛和种公牛进行 A 型口蹄疫免疫；根据风险评估情况对猪进行 A 型口蹄疫免疫。在 2018 年 6 月 30 日前，对牛、羊、骆驼、鹿继续实施亚洲 I 型口蹄疫免疫。

小反刍兽疫：对所有羊进行小反刍兽疫免疫。

布鲁氏菌病：对除种畜外的肉牛和羊进行布鲁氏菌病免疫。对奶牛原则上不免疫，但对布病阳性率达到 2%以上的奶牛场，阳性牛全部进行扑杀处理，经县级以上农业（农牧）主管部门批准报省畜牧兽医局备案后，可以实施免疫。

免疫主体：饲养动物的单位和个人是强制免疫主体，依据《动物防疫法》承担强制免疫主体责任，切实履行强制免疫义务，自主实施免疫接种，做好免疫记录，建立免疫档案。

按照《动物防疫法》和《重大动物疫病防控工作实施方案》的要求，强制免疫继续坚持规模养殖场按程序进行免疫，并实行免前告知、免后报告制度；散养畜禽实行春秋两季集中免疫，集中免疫时间一般春季安排在 3—4 月份，秋季安排在 9—10 月份；新补栏畜禽及时补免，每月最后一周为集中补免周，有条件的地区也可实行程序免疫。

鼓励探索和实施兽医社会化服务，未实施兽医社会化服务的县（市、区），继续推行“以乡镇为单位，组织免疫小分队，集中人力、集中时间、集中区域，逐户逐场免疫、整村推进”的免疫形式；对规模养殖场的免疫坚持集中免疫与程序免疫相结合，明确监管单位和责任人，确保免疫效果。

第三节　动物疫病预防控制机构和队伍

各级（市、县）兽医主管部门代表本级政府负责辖区内动物疫病预防控制工作，负责制定相关政策并组织实施。县级以上兽医主管部门下设兽医处（科）、动物卫生监督所、动物疫病预防控制中心。兽医处(科)是其内设机构,动物卫生监督所和动物疫病预防控制中心是其下属全额事业单位。

动物卫生监督所主要负责按照《动物防疫法》对动物养殖、出售、运输、屠宰、病死畜禽无害化处理等各个生产环节进行监督管理,负责查处违法案件等工作。

动物疫病预防控制中心是动物疫病防控的技术支撑机构,主要负责实施动物疫病的监测、预警、预防、预报、实验室诊断、流行病学调查、疫情报告;提出重大动物疫病防控技术方案;动物疫病预防的技术指导、技术培训、科普宣传;承担动物产品安全相关技术检测工作。

基层动物防疫监督站是县级动物疫病预防控制机构的派出机构,邯郸市共建有 108 个基层动物防疫监督站,工作人员 550 多名,具体实施动物疫病防控工作。

村级防疫员是县级兽医主管部门依照国家政策,按照养殖量大小,在每个村中选聘的 1～2 名具备相应动物防疫工作能力的人员,每年给予一定的务工补贴,承担强制免疫疫苗注射、疫情报告等工作。县级、基层站和村级防疫员构成基层动物防疫队伍的主体。

一、市动物疫病预防控制中心的主要职责

(1)根据国家和省动物疫病预防控制规划和工作部署,提出全市重大动物疫病防制规划和技术方案,经市兽医行政管理机构批准后监督、指导有关部门和单位实施。

(2)负责组织实施重大动物疫病的免疫预防工作(包括强制免疫、计划免疫)。

(3)依据国家、省和市重大动物疫情应急预案或防治技术规范,拟制全市应急处置重大动物疫情有关技术方案。在辖区内应急处置突发动物疫情时,负责提供技术指导、技术培训和科普宣传。

(4)负责全市行政辖区重大动物疫病和疑难病例的诊断定性或向国家、省指定兽医实验室的样品送检工作。

(5)负责全市动物预防用生物制品、动物免疫标识的统一调拨、逐级供应和市级动物防疫应急物资储备管理工作。

(6)负责对县级动物疫病预防控制中心的业务管理和技术指导,以及全市行政辖区内兽医微生物实验室建设和生物安全管理方面的技术指导工作。

二、县动物疫病预防控制中心的主要职责

(1)全面贯彻实施有关重大动物疫病防控方面的法律、法规。

(2)负责全县重大动物疫病防控工作,完成上级主管部门安排的有关业务

工作。

(3)研究提出重大动物疫病(包括人畜共患病)预防控制规划、扑灭计划和应急预案建议,指导重大动物疫病预防、控制和扑灭工作,指导人畜共患病防治工作。

(4)承担动物疫病防控方面相关项目的组织实施和管理工作。

(5)负责村级动物防疫员的培训、考核与组织管理工作。

(6)负责兽医站、动物防疫站、检测实验室的组织领导。

三、基层动物防疫监督站的主要职责

(1)协助辖区内乡镇政府(街道办事处)组织实施动物计划免疫、强制免疫,负责动物免疫所需疫苗、免疫证、免疫耳标和免疫台账的领取、管理、发放、记录。

(2)负责辖区内的动物及产品的产地检疫、屠宰检疫和检疫合格证明的填写、出具。

(3)负责辖区内的动物及其产品生产、加工、仓储、销售、运输等环节的兽医卫生监督检查。

(4)负责辖区内动物疫病监测、动物疫病疫情统计报告。

(5)协助有关乡镇政府,组织实施动物疫情扑灭和消毒灭原工作。

(6)负责辖区内规模饲养企业动物防疫和动物产品加工企业的日常监督管理。

(7)负责辖区内有关动物防疫法律法规的宣传,对动物防疫员进行业务工作指导及日常管理工作。

(8)负责辖区内执业兽医和动物疫病诊疗机构的监督和管理。

(9)承办上级政府和业务部门交办的其他事项。

四、村级防疫员的主要职责

(1)协助做好动物防疫法律法规、方针、政策和防疫知识宣传工作。

(2)负责本区域散养动物免疫工作。按业务部门规定实施计划免疫或强制免疫注射,佩戴耳标,填写、发放免疫卡,填写、报送免疫档案等。

(3)负责对本区域的动物饲养及发病情况进行巡查,做好疫情观察和报告工作,协助开展疫情巡查、流行病学调查和消毒等防疫工作。

(4)掌握各区域动物出栏、补栏情况,熟知本区域饲养环境,了解本地动物多发病、常见病,协助做好本区域的动物产地检疫及其他监管工作。

(5)参与重大动物疫情的防控和扑灭等应急工作。

(6)做好当地政府和动物防疫机构安排的其他动物防疫工作任务。

第四节　动物防疫工作的组织实施

一、组织动员

地方各级政府每年应当召开 1～2 次会议，安排部署当年度的春秋两季动物集中强制免疫工作。

参会人员包括：政府主管领导，重大动物疫病防控指挥部成员部门负责人，农牧部门相关科室和下属单位负责人、技术骨干，下级政府主管领导和农牧部门负责人，新闻媒体等。

会议内容：政府主管领导讲话，签订责任书，制定下发《重大动物疫病防控工作实施方案》《主要动物疫病免疫工作方案》《监测与流行病学调查方案》等文件，以及对上年（季）度重大动物疫病防控工作进行总结表彰等。

二、责任落实

地方各级人民政府对辖区内动物疫病防疫工作负总责，组织有关部门按照职责分工，落实动物防疫工作方案，保证免疫密度和免疫质量。构建"地方政府负总责，生产者承担第一责任，相关部门各负其责"的动物防疫工作责任体系，通过签订"双轨四级"责任书，即省、市、县、乡政府之间层层签订责任书，省、市、县兽医主管部门、基层动物防疫监督站之间层层签订责任书，逐环节细化责任，层层落实到人，将动物疫病防控工作目标、工作任务、工作责任层层落实。政府负责安排部署、组织动员、资金物资保障，负责保证动物免疫密度；业务部门负责免疫质量。共同保证动物防疫工作的时效和质量，提高动物防疫水平，确保辖区内不发生重大动物疫情。因防疫工作不到位引发动物疫情，并且造成疫情扩散的，要严肃追究相关人员责任。

附 2.1　邯郸市政府与县政府签订的责任书范本

2018 年度重大动物疫病防控和农产品质量安全工作责任书

为了更好地贯彻实施畜牧兽医、农产品质量安全等法律法规，保障畜牧业持续健康发展和人民群众消费安全，确保不发生重大农产品质量安全事件，特制订 2018 年度重大动物疫病防控和农产品质量安全工作责任书。

重大疫病防控工作

一、工作目标

1. 动物疫病防控。高致病性禽流感、口蹄疫、小反刍兽疫和牛羊布病等重大动物疫病实行强制免疫，群体免疫密度常年维持在90%以上，其中应免畜禽免疫密度达到100%，免疫抗体合格率全年保持在80%以上。同时做好猪瘟、高致病性猪蓝耳病等动物疫病的免疫工作；动物常见多发病得到有效控制；努力确保不发生区域性重大动物疫情。

2. 动物卫生监督。全市规模养殖场出栏动物产地检疫率达到100%；散养出栏动物的产地检疫率达到90%以上；定点屠宰场屠宰检疫率达到100%；检出不合格动物及动物产品无害化处理率达到100%，推进病死畜禽无害化处理体系建设，实现病死畜禽集中无害化处理全覆盖；养殖场动物防疫条件达标率在上一年度的基础上增加5%；备案养殖场全部开展动物疫病风险评估与分级管理；发现动物防疫违法行为处理率达到100%，努力确保不发生因动物疫病造成的重大动物产品质量安全事件。

3. 畜禽定点屠宰监管。生猪定点屠宰场(点)标准化建设达标率达85%以上，对私屠滥宰、注水或注入其他物质等违法屠宰行为“零容忍”。

4. 兽药质量安全监管。按照《河北省畜禽抗生素、兽药残留超标专项整治行动实施方案》要求，扎实开展畜禽抗生素、兽药残留超标专项整治行动。对不合格产品和假劣兽药依法立案查处，确保结案率100%。严格履行兽药生产安全监管责任，扎实做好辖区内兽药生产企业安全生产监管工作。

二、主要任务

1. 加强机构队伍建设。按照国家和省兽医管理体制改革要求，全面完成县级动物卫生监督机构和动物疫病预防控制机构及乡(镇)动物防疫站机构改革工作，稳定县、乡动物防疫队伍，切实解决基层动物防疫和动物卫生监督执法人员少、素质低、待遇不落实等问题。对动物疫病预防控制和动物卫生监督机构工作人员进行年度工作绩效考核，考核结果与职务晋升、职称评定聘任、评先评优和绩效工资挂钩。加强动物疫病预防控制、动物卫生监督和兽医药品监察机构核心能力建设。

2. 落实强制免疫计划。全面落实动物防疫支持政策，组织开展好重大动物疫病强制免疫“先打后补”试点工作。做好重大动物疫病强制免疫和监测工作，常年开展免疫效果监测，督导免疫进度，检查免疫效果。落实好过渡期猪瘟、高致病性猪蓝耳病免疫工作。

3. 加强动物疫病净化及人畜共患病防治。组织实施种畜禽场和标准化奶牛场重点疫病监测净化，继续实施《河北省家禽 H_7N_9 剔除计划》和小反刍兽疫消灭计划，做好奶牛场布病、结核病检测工作，落实乳品企业、生鲜乳收购站凭“两病”（布病、结核病）检测证明收购生鲜乳制度。做好动物常见多发病防治。

4. 落实动物卫生监督管理。加强动物检疫和动物卫生监督工作，规范执法行为，严厉打击违反动物防疫法律法规等违法行为，促进养殖业发展，保护人体健康。开展动物疫病风险评估活动，保证辖区内规模养殖场（小区）全部实施风险评估与分级管理，根据风险等级不同，明确对规模养殖场（小区）的监管重点和检查频率，实行科学监管，降低动物疫病发生风险。

5. 督导落实动物饲养、加工、屠宰等环节的消毒工作，开展动物防控消毒月活动，消除疫情隐患。

6. 做好重大动物疫情应急管理。强化应急物资管理，严格应急值守，做好应急物资储备，提升突发重大动物疫病应对处置能力。按规定的时间和程序上报动物疫情，不迟报、不瞒报、不谎报、不漏报；设立并公开重大动物疫情举报电话。一旦发生疫情，按照“早、快、严、小”的原则，果断处置。

7. 加强畜禽屠宰监管。根据《关于切实健全屠宰管理与执法机构 保障屠宰管理与执法经费的通知》（冀机编〔2007〕167 号）要求，加强屠宰监管机构建设，解决好人员、经费、装备等，推进生猪定点屠宰场（点）标准化建设，推进牛羊鸡定点屠宰管理，严厉打击屠宰违法行为。

8. 加强兽药质量安全监管。切实加强对兽药生产、经营环节的监督管理，落实处方药管理制度，加大养殖环节和屠宰环节畜禽产品抗菌药残留监测频次，对阳性样品实施全程追溯，对违法行为依法查处。督导各县（市、区）对辖区内的所有兽药生产企业进行全面排查，对发现的安全隐患建立台账，挂牌督办。

三、工作责任

有下列情形之一，并导致重大动物疫情发生、扩散、蔓延造成重大经济损失和重大动物产品安全事件的，应依据《中华人民共和国动物防疫法》《重大动物疫情应急条例》《生猪屠宰管理条例》《河北省畜禽屠宰管理办法》《中华人民共和国兽药管理条例》等追究有关单位和责任人的责任。

1. 未有效组织开展动物强制免疫、疫病监测、检疫监督、消毒、病死畜禽无害化处理等或各项防疫措施落实不到位的。

2. 未按规定开展动物防疫督查、免疫效果监测，重大动物疫病免疫抗体合格率未达到国家和省有关规定的。

3. 未及时掌握重大动物疫病防控工作责任制落实情况，造成防控工作责任不落实、监管措施不到位的。

4.发生重大动物疫情后,未认真履行重大动物疫情报告、处置等职责或因工作不力造成疫情扩散的。

5.因监管不力发生病死畜禽随意丢弃并造成恶劣影响的。

6.未将动物疫病防控经费用于动物疫病防控,严重影响工作正常开展的。

7.对私屠滥宰、注水或注入其他物质等屠宰违法行为查处不力的。

8.对因履行监管职责不力,造成重大兽药质量安全责任事件、兽药生产安全责任事故的。

农产品质量安全工作

一、工作目标

1.确保本辖区不发生重大农产品质量安全事件。

2.在部、省级农产品质量安全监测中,蔬菜、畜禽产品和水产品全年平均合格率达到98%以上。

3.农产品质量安全投诉受理率、查处率达到100%。

二、主要任务

1.标准化生产。抓好规模化生产经营主体标准化生产示范,推动"菜篮子"大县、畜牧业绿色示范县、渔业健康养殖示范县、农产品质量安全县和现代农业园区推行标准化生产,农业标准化生产覆盖率达到57%以上。

2.发展"三品一标"。扩大生产规模,"三品一标"获证产品数量年增幅保持在6%以上;每个县(市、区)新认证2家以上无公害农产品认证企业;强化证后监管,对认证企业全面检查不少于2次,获证企业监督抽查比例不低于30%。

3.专项整治。坚持专项整治和日常执法监管相结合,抓好本地区原发、复发、多发性隐患的排查处置,防范区域性、系统性风险发生。

4.案件查处。建全检打联动机制、涉嫌犯罪案件线索移交机制,强化行刑衔接,对各类违法案件线索及时进行查处。积极上报农产品质量案件(移交公安并立案)和监督抽查不合格样品数(不包括投入品并附处理结果),多报给予加分。

5.安全县创建。进一步加强农产品质量安全县的创建工作力度,及时总结推广宣传创建经验,定期报送阶段性总结和宣传信息。

6.监管体系建设。加强乡镇农产品质量安全监管站规范化建设指导,健全协管员队伍,完善基层网格化监管体系;15个县级农产品综合质检站完成"双认证"工作。

7.追溯体系建设。针对不同生产主体分类施策,扩大食用农产品合格证应用范围,探索有效追溯模式;将国家级、省级农业产业化龙头企业及"三品一标"等规模化生产主体纳入省级农产品质量安全监管追溯平台,建立产品追溯机制;将农产品质量追溯与国家安全县创建结合，并作为新命名安全县的条件，已命名的安全县应达到上述要求，逾期不达标的摘牌。

8.信用体系建设。全国粮食大县、"菜篮子"产品主产县、农产品质量安全县、国家现代农业示范区等建立本行政区域内农资和农产品生产经营主体信用档案，做到纸质档案与电子档案同步。

三、责任落实

按照食品安全党政同责和属地管理有关要求，各县(市、区)政府要把农产品质量安全作为一把手工程来抓，严格落实"一岗双责""党政同责"，主要负责人是农产品质量安全监管第一责任人，各相关领导对分管工作负直接领导责任。建立责任分级落实机制，各县(市、区)与辖区内各乡镇政府100%签订监管责任书。

本责任书为一式两份，签订双方各持一份。此责任书作为市政府2018年年度督促各县(市、区)人民政府工作的主要依据，望各县(市、区)人民政府认真抓好落实。责任书签字人如有变动，接任者为自然签字人。

邯郸市人民政府(盖章)　　　　县(市、区)人民政府(盖章)

负责人(签字)：　　　　负责人(签字)：

二〇一八年　　月　　日

附2.2　邯郸市农牧局与县农牧局部门签订的责任书范本

2018年度重大动物疫病防控工作责任书

为了更好地贯彻实施畜牧兽医法律法规，保障畜牧业持续健康发展和人民群众消费安全，特制订2018年度重大动物疫病防控工作责任书。

一、工作目标

1.动物疫病防控。高致病性禽流感、口蹄疫、小反刍兽疫和牛羊布病等重大动物疫病应免畜禽免疫密度达到100%，群体免疫抗体合格率80%以上，畜禽标识佩戴率和免疫档案规范建档率达100%；动物常见多发病得到有效控制；努力确保不发生区域性重大动物疫情。

2.动物卫生监督。出栏动物产地申报检疫率达到100%；定点屠宰场申报受理屠宰检疫率达到100%；病死猪集中无害化处理场监管面达100%，努力确保不发生因动物疫病造成的动物源性食品安全事件。

二、主要任务

1.加强机构队伍建设。按照《河北省人民政府办公厅关于进一步加强动物防疫工作的通知》(冀政办字〔2015〕114号)要求,深入推进兽医管理体制改革,全面完成县级动物卫生监督机构和动物疫病预防控制机构及乡(镇)动物防疫站机构改革工作,稳定县、乡动物防疫队伍,切实解决基层动物防疫和动物卫生监督执法人员少、素质低、待遇不落实等问题。对动物疫病预防控制和动物卫生监督机构工作人员进行年度工作绩效考核,考核结果与职务晋升、职称评定聘任、评先评优和绩效工资挂钩。

2.落实强制免疫计划。落实单项病防治计划和指导意见,做好重大动物疫病强制免疫和监测工作,所需疫苗、畜禽标识统一供应,严格管理,严防浪费,按规定及时上报疫苗、耳标订购计划。定期开展免疫效果监测,督导免疫进度,检查免疫效果。

3.落实动物卫生监督管理。加强动物检疫和动物卫生监督工作,规范执法行为,严厉打击违反动物防疫法律法规等违法行为,促进养殖业发展,保护人体健康。

4.加强病死畜禽无害化处理体系建设。按照规划要求完成集中病死畜禽无害化处理体系建设任务,推进病死猪无害化处理与保险联动机制,基本实现病死畜禽无害化处理资源化利用全覆盖。

5.督导落实动物饲养、加工、屠宰等环节的消毒工作,开展动物防控消毒月活动,消除疫情隐患。

6.加强动物疫病净化及人畜共患病防治。组织实施种畜场和标准化奶牛场重点疫病监测净化,继续实施小反刍兽疫消灭计划,做好奶牛场布病、结核病检测工作。做好动物常见多发病防治。

7.落实重大动物疫情报告处置制度。按规定的时间和程序上报动物疫情,不迟报、不瞒报、不谎报、不漏报;设立并公开重大动物疫情举报电话。一旦发生疫情,按照"早、快、严、小"的原则,按要求果断处置疫情。

8.做好应急管理。强化应急物资储备和管理,严格应急值守,提升突发重大动物疫病应对处置能力。

三、工作责任

有下列情形之一,并导致重大动物疫情发生、扩散、蔓延造成重大经济损失和重大动物产品安全事件的,应依据《中华人民共和国动物防疫法》《重大动物疫情应急条例》等有关法律法规追究有关单位和责任人的责任。

1.未有效组织开展动物强制免疫、疫病监测、检疫、监督、消毒、病死畜禽无害化处理等工作的。

2. 未按规定开展动物防疫督查、免疫密度核查、免疫效果检测工作，重大动物疫病免疫抗体合格率未达到国家和省有关规定的。

3. 未及时掌握重大动物疫病防控工作责任制落实情况，造成防控工作责任不落实、监管措施不到位的。

4. 发生重大动物疫情后，未认真履行重大动物疫情报告、疫情处置等职责或因工作不力造成疫情扩散的。

5. 因监管不力发生病死畜禽随意丢弃并造成恶劣影响的。

6. 未将动物疫病防控经费用于动物疫病防控，严重影响工作正常开展的。

本责任书为一式两份，签订双方各持一份。此责任书作为市局2018年年度督促各县（市、区）农牧（畜牧水产）局工作的主要依据，望各县（市、区）农牧（畜牧水产）局认真抓好落实。责任书签字人如有变动，接任者为自然签字人。

邯郸市农牧局（盖章）　　　　县（市、区）农牧（畜牧水产）局（盖章）

负责人（签字）：　　　　负责人（签字）：

二〇一八年　月　日

三、资金物资保障

动物防疫经费要求列入本级财政预算，资金数量能够满足动物防疫工作需求，并要每年增长10%以上（2018年省考核评分要求）。

动物防疫经费列支的主要项目包括：疫苗，检测试剂及耗材，投药器、注射器、酒精、碘伏、药棉，防护服、手套、鞋套、帽子、防护眼镜等防护用品，应急物资更新，采样经费，工作经费等。

四、技术培训

（一）培训对象

对市级以下防疫队伍实行全员培训，对重点规模养殖场实行分类专项培训。

（二）培训内容

动物疫病防控相关法律法规、动物疫病防控政策、动物疫病防控技术、动物疫病检测诊断技术、动物疫病流行病学调查、疫情控制与应急处置、疫苗的保存和使用、免疫注射实用技术等。

（三）培训方式

1.逐级培训

市级培训县级技术骨干和师资，县级师资对基层动物防疫监督站和村级防疫员进行培训。

2.专题培训

针对某专项技术举办专题培训班，对市县动物防疫人员、规模养殖场人员等进行培训。

3.外出培训

选派或指定技术人员到上级动物防疫机构、研究所、大专院校进行培训学习。

4.指导培训

选派技术骨干到下级动物防疫机构指导培训相关人员学习和训练某项技术或实际操作。

五、强制免疫疫苗供应

畜禽强制免疫病种疫苗由省畜牧兽医局统一招标采购，逐级供应，养殖场（户）免费使用。

（一）强制免疫疫苗的品种

高致病性禽流感：重组禽流感病毒二价（H_5+H_7）灭活疫苗（H_5N_1 Re-8 株＋H_7N_9 H_7-Re1 株）、禽流感新城疫重组二联活疫苗。

口蹄疫：口蹄疫 O 型灭活疫苗、口蹄疫合成肽疫苗、口蹄疫 O-A 亚型疫苗。

布病：布鲁氏菌病疫苗（S2 株）。

小反刍兽疫：小反刍兽疫活疫苗。

（二）制定疫苗订购计划

县级动物疫病预防控制机构要根据本地畜牧生产实际，科学制定强制免疫疫苗调拨数量和调拨计划，常年保持适量疫苗储备，同时避免损失和浪费。市动物疫病预防控制中心根据各县（市、区）计划，制定市强制免疫疫苗计划，每年 11 月底报省级动物疫病预防控制中心。

（三）调拨供应

强制免疫疫苗按照市中心、县中心、基层防疫监督站的顺序逐级供应。

县中心到市中心领取强制免疫疫苗，须出具由县(市、区)主管局长签字并加盖公章的强制免疫疫苗领取审批单，市中心按审批单办理疫苗调拨、发放手续。

经市中心批准，可以由疫苗生产企业直接发送到各县(市、区)，县中心接收疫苗后3日内到市中心结算并办理相关手续。县中心接收时要仔细查验核对，内容包括疫苗的品种、规格、数量、有效期、外观质量、产品说明书等。接收厂家直发疫苗时，除查验上述内容外，还要查验批签发证明文件、货物包装以及是否超过两个批次、是否在货物发出后24小时通知收货方等，并认真填写重大动物疫病强制免疫疫苗签收单，签字盖章后一份留存一份交生产企业，并及时在疫苗调拨系统里签收入库。

(四)储运和使用

严格按规定运输、储藏疫苗，保持冷链系统的完整性，保证疫苗质量。动物防疫人员要按照疫苗使用说明书使用疫苗，不得随意改变免疫畜种、剂量，保证疫苗使用安全和免疫质量，杜绝浪费。

做好失效疫苗、疫苗空瓶的回收和集中销毁工作，做好记录，并留存影像资料。

按财务记账要求建立市中心、县中心、基层站三级强制免疫疫苗台账，实行专人专账管理。规范填写每批疫苗的购进时间、进货渠道、品种、数量、有效期，疫苗发放时间、去向，并由领取人签字，做到每支疫苗来源去向清楚可查。疫苗台账保存不得少于5年。

(五)先打后补

为探索创新重大动物疫病强制免疫财政补助机制，促进养殖企业依法落实动物防疫主体责任，提高重大动物疫病防控工作成效，自2016年开始试行“先打后补”试点工作。

试点养殖场：生猪、奶牛规模养殖场，祖代种鸡场。

试点疫苗种类：口蹄疫、禽流感疫苗。

试点企业应具备的条件：具有独立法人资格，取得营业执照；依法取得《动物防疫条件合格证》；动物疫病风险评估等级为A级。具有相应的兽医技术人员；具有相应的动物疫苗储藏条件和完善的购入验收、储藏保管、使用核对等管理制度；建立真实、完整的疫苗采购、使用记录；建立有规范、完善的养殖档案；近年来严格依法进行检疫申报，出栏的畜禽依法实施产地检疫；生猪养殖场年出栏商品猪1万头以上，奶牛养殖场存栏1 000头以上。

补助标准：生猪规模养殖企业每头猪给予1.8元口蹄疫O型灭活疫苗补助，奶牛规模养殖企业每存栏1头奶牛给予4.2元口蹄疫A型和O型-亚洲Ⅰ型疫苗补助，祖代种鸡场每存栏1只鸡给予0.44元禽流感疫苗补助。

试点企业补助经费总金额：补助标准乘以试点企业试点期内动物年度饲养量。生猪饲养量按出栏数1.6倍计算，生猪出栏数量以企业申报的并经所在地动物卫生监督所确认的试点期内动物出栏检疫数为准进行核定。

（六）养殖场强制免疫疫苗自采

符合条件的养殖场可向所在地县（区）农牧部门申请，经批准备案后，自采强制免疫疫苗。申请所提供的资料为企业营业执照、《动物防疫合格证》原件和复印件，企业专职兽医聘用合同和资格证明材料（执业兽医资格证等）原件和复印件，疫苗贮藏设备照片（企业负责人签字并加盖公章），最近一年内完整的养殖档案。疫苗必须从国家批准的正规生物制品企业购买，疫苗合格有效，并接受监督。

六、集中强制免疫

（一）规模养殖场

规模养殖场的强制免疫由企业负责，按照免疫程序在基层动物防疫监督站的监督下实施。

（1）基层动物防疫监督站对辖区内所有规模场的养殖情况进行核实，摸清各个规模养殖场的存栏和应免数量。

（2）下达免疫告知书，告知事项包括应免数量、应免病种、应免时间等内容，接到告知书后养殖场负责人要在回执上签字。

（3）养殖场完成免疫后，填写免疫档案，并及时向基层动物防疫监督站进行书面报告。

（4）养殖场按照规定时间采集样品送县动物疫病预防控制中心进行抗体检测，抗体检测合格的视为完成强制免疫工作；经检测抗体不合格的要重新补免。

（二）散养畜禽

（1）村级防疫员负责摸清所辖区域的养殖情况。

（2）基层动物防疫监督站组织村级防疫员组成若干免疫小分队，分村包片进行免疫注射，并完成档案、免疫证填写和耳标加施等工作。

（3）县动物疫病预防控制中心对散养畜禽免疫抗体进行抽检。

（4）每月最后一周小分队负责对分包区域内新生、补栏等应免畜禽进行补免。

七、督导落实

各级重大动物疫病防控指挥部在集中免疫期间要组织抽调相关单位负责同志

和农牧部门技术骨干组成督查组，对辖区内重大动物疫病防控工作开展情况进行督促。

督查内容包括组织发动、宣传培训、资金保障、推进方式、免疫进度、存在问题以及指挥部安排的其他专项行动开展情况。

督查结束后，指挥部对督查情况进行通报。

八、检查验收

集中强制免疫结束后，重大动物疫病防控指挥部要组织对辖区重大动物疫病强制集中免疫工作完成情况进行检查验收，检查验收主要采取听取工作汇报、查看资料、现场检查、免疫抗体效价检测等方式。

（一）听取工作汇报

主要是听取被查单位重大动物疫病集中免疫工作完成情况，包括组织发动、宣传培训、资金保障、应急物资储备、疫苗及免疫物资购置、队伍建设、集中强制免疫的工作方式和完成情况、工作亮点、先进典型以及存在问题和改进措施等。

（二）查看资料

1.县级资料

(1)宣传动员　动员会情况，领导参会、讲话、批示情况，调研、专题研究、督查情况。各种媒体宣传情况、简报、照片等。

(2)责任落实　“双轨四级”责任书签订情况。

(3)保障情况　资金(列入财政预算情况、拨付情况)、物资的落实情况。

(4)防控方案　防控方案应包括免疫计划、疫病监测及流行病学调查计划、督查方案、督查通报、验收方案、验收结果通报等文件和内容。

(5)技术培训　培训计划、培训通知、内容资料、签到表、照片等。

(6)免疫报表　存栏数、应免数、免疫日报、免疫周报等。

(7)耳标台账　要求有签收单，平台上有签收、签发，有纸质台账，库存数与实际库存相符，库存耳标存放整齐规范，有管理制度。

(8)强制免疫疫苗台账　有电子台账和纸质台账，疫苗品种、数量、批号、有效期、生产厂家、出入库时间、来源、去向等内容记录翔实，出入库票据保存完好；有失效、破损疫苗和空疫苗瓶回收销毁处理情况记录。厂家直发疫苗签收单中运输方式、时间、温度记录填写规范。

(9)规模养殖场自采强制免疫疫苗的审批、备案手续。

(10)应急物资台账　物资品种、数量、有效期、来源、去向、出入库时间等内容翔实记录，出入库票据保存完好；失效、破损物品销毁处理情况有记录。

(11)实验室记录　包括采样单、样品接收记录、检测原始记录、结果通知单等记录。记录要求与日常上报数据吻合。实验室必备条件(面积、设备、人员等)及各项规章制度上墙。

(12)应急预案、应急队伍资料。

(13)二十四小时值班情况　疫情报告电话及向社会公布情况，值班人员安排，值班记录。

2.基层站

(1)辖区基本情况。

(2)责任分工情况，小分队情况。

(3)养殖存栏情况(统计表)，规模场情况(统计表、分布图表)。

(4)免疫告知书发放(有存根、有登记表)，免疫报告书(有登记表)。

(5)散养户免疫档案，要求强制免疫病种齐全，有病、孕、幼三不打畜禽的要有补免记录，有出生、补栏、出栏的应备注写明。

(6)有纸质耳标台账，登记规范，库存数与实际库存相符，有管理制度。

(7)有纸质强制免疫疫苗台账，疫苗品种、数量、批号、有效期、生产厂家、出入库时间、来源、去向等内容记录翔实，入库单据和领取人签收单保存完好；有失效、破损疫苗和使用后的疫苗空瓶回收处理情况记录。

(8)有应急物资台账，物资品种、数量、有效期、来源、去向、出入库时间等内容翔实记录，失效、破损物品销毁处理情况有记录。

(9)应急小分队名单(上墙)。

(三)现场检查

所有被检查场所卫生条件要达标，整洁、整齐。

1.县级

(1)档案室，各类档案分类存放、整齐规范。

(2)实验室，仪器设备处在正常工作状态。

(3)强制免疫疫苗有管理制度，有疫苗储备并按要求分类整齐摆放，实物与台账相符。失效、破损疫苗和使用后的空疫苗瓶按规定整齐存放。

(4)冷藏、冷冻等冷链设施配备到位且正常使用(设施内不得存放与疫苗无关的其他物品)，冷链设施内置放温度计，有温湿度记录。有备用电源或相应应急措施，配备消防器材。

（5）有应急物资储备库，有管理制度；有物资储备，实物与台账相符，保持储备物资充足有效，分类整齐摆放；储备库清洁，防潮、防盗、有消防器材。

（6）耳标按猪、牛、羊分类保管，措施得当，数量明确，有标签，管理制度上墙。

2. 基层站

（1）各类档案分类存放、整齐规范。

（2）耳标按猪、牛、羊分类保管，措施得当，数量明确，有标签，管理制度上墙。

（3）强制免疫疫苗有管理制度，有疫苗储备并按要求分类整齐摆放，实物与台账相符。失效、破损疫苗和使用后的空疫苗瓶按规定整齐存放，有空疫苗瓶回收和处理记录。

（4）冷藏、冷冻等冷链设施配备到位且正常使用（设施内不得存放与疫苗无关的其他物品），冷链设施内置放温度计，有温湿度记录。

（5）备有消毒药、消毒器械（喷雾器等）、防护用品、采样箱、保温盒等应急物资，实物与台账相符。

3. 养殖场

（1）进场有消毒设施，并处于使用状态，最好有合格证。

（2）有免疫告知书。

（3）具有各类档案，填写规范，各档案之间相互衔接，符合逻辑。

（4）有强制免疫疫苗购买（领取）记录和使用记录；自采强制免疫疫苗的要有批准文件和直接从生产企业购买的证明材料，自采强制免疫疫苗养殖场要有相应的兽医人员和冷藏设施。

4. 村

（1）协防员具备相应的免疫注射、注苗反应处置知识，配备保温箱，对村养殖情况熟悉。

（2）实际免疫情况与档案一致。

（3）养殖户有免疫证。

（4）按规定佩戴牲畜耳标。

（四）免疫抗体效价检测

集中免疫结束后动物疫病预防控制中心要对辖区内的动物强制免疫抗体效价进行集中检测，将免疫抗体效价作为评价动物集中免疫成效的一项主要指标。

被检动物包括猪、奶牛、肉牛、羊、鸡、鸭、鹅等已进行强制免疫疫苗注射的畜禽，被检样品应来自规模场、散养户、屠宰场、贸易市场等不同群体，每个群体采样不少于 20 份。

抗体检测项目包括高致病性禽流感、口蹄疫、小反刍兽疫等强制免疫病种，以及实行全面免疫的猪瘟、高致病性猪蓝耳病、鸡新城疫等病种。

1. 高致病性禽流感

检测方法：血凝抑制（HI）试验。

灭活疫苗的免疫效果判定：家禽免疫后 21 天进行免疫抗体检测，禽流感 HI（血凝抑制）抗体效价 $\geqslant 2^4$ 判定为合格；群体免疫抗体合格率 $\geqslant 80\%$ 判定为合格，合格率达不到要求的禽群重新免疫。

活疫苗的免疫效果判定：商品代肉雏鸡第二次免疫 14 天后，进行免疫抗体检测，群体免疫抗体转阳率 $\geqslant 50\%$ 判定为合格，合格率达不到要求的鸡群重新免疫。

2. 口蹄疫

猪免疫 28 天后，其他家畜免疫 21 天后，进行免疫效果监测。

O 型口蹄疫：使用灭活疫苗的家畜采用正向间接血凝试验检测，抗体效价 $\geqslant 2^5$ 判定为合格；或者，采用液相阻断 ELISA（酶联免疫吸附试验）检测，抗体效价 $\geqslant 2^6$ 判定为合格。使用合成肽疫苗的家畜采用 VP1 结构蛋白 ELISA 检测，抗体效价 $\geqslant 2^5$ 判定为合格。

亚洲Ⅰ型口蹄疫：采用液相阻断 ELISA 检测，抗体效价 $\geqslant 2^6$ 判定为合格。

A 型口蹄疫：采用液相阻断 ELISA 检测，抗体效价 $\geqslant 2^6$ 判定为合格。

群体免疫抗体合格率 $\geqslant 80\%$ 判定为合格，合格率达不到要求的畜群重新免疫。

3. 小反刍兽疫

检测方法：竞争 ELISA 或阻断 ELISA 方法。

免疫合格个体：活疫苗免疫 1～3 个月内，小反刍兽疫 ELISA 抗体检测阳性判定为合格。

免疫合格群体：抗体阳性率 $>70\%$ 判定为合格，免疫合格率不达标的群体重新免疫。

4. 猪瘟

免疫 21 天后，进行免疫效果监测。

猪瘟抗体阻断 ELISA 检测试验抗体阳性判定为合格，或猪瘟抗体间接 ELISA 检测试验抗体阳性判定为合格，或猪瘟抗体正向间接血凝试验抗体效价 $\geqslant 2^5$ 判定为合格。

存栏猪免疫抗体合格率 $\geqslant 80\%$ 判定为合格，合格率达不到要求的猪群重新免疫。

5.高致病性猪蓝耳病

活疫苗免疫28天后，进行免疫效果监测。

高致病性猪蓝耳病ELISA检测抗体阳性判为合格。

存栏猪免疫抗体合格率≥80%判定为合格，合格率达不到要求的猪群重新免疫。

6.鸡新城疫

检测方法和免疫效果判定参照禽流感。

第三章　动物疫病监测及流行病学调查

第一节　兽医实验室的管理与运行

一、兽医实验室日常管理各项制度

（一）兽医实验室职能

（1）负责重大动物疫病的实验室检测、流行病学调查、疫情调查、追踪溯源等工作。

（2）负责动物疫病及抗体检测、分析重大动物疫病风险因子，提出相应的防控技术方案。

（3）负责评估动物疫病强制免疫、计划免疫的质量。

（4）负责人畜共患病实验室诊断、常发动物疫病的临床诊断及实验室诊断。

（5）承担上级疫控实验室、农牧局下达的工作任务。

（二）兽医实验室工作制度

（1）实验室要设立更衣室，工作人员进入实验室必须更换工作服、鞋、帽，戴手套等防护用品，必要时戴防护面罩。

（2）工作人员工作服等防护性用品要保持清洁整齐，勤更换，非一次性用品定期清洗消毒。

（3）一般情况下非工作人员不得进入实验室，特殊情况需经实验室负责人批准，并遵守实验室有关规定。

（4）实验室内禁止会客、吸烟、饮食、随地吐痰等。

（5）实验室器材要分类摆放，保持整洁；冰箱、冰柜、培养箱、仪器等要定期清理消毒；使用过的试剂、培养基等要严格按照废弃物处理标准进行处理。

(6)办公区、实验区等公共场所定期全面保洁、消毒。

(7)实验室工作人员在上岗前应进行专业技能培训,考核合格后方可上岗。

(三)实验室工作人员职业道德规范

(1)实验室工作人员需恪守实验室各项规章制度,做好本职工作。

(2)认真对待实验,严格按照规程操作,实事求是,不编造实验结果。

(3)如出现不能确定结果的情况需向受检方和单位说明情况和处理意见,需上级实验室帮助诊断的要及时联系。

(4)在实验工作中不浪费,节约水、电、试剂、耗材等。

(5)实验室工作人员要注意知识更新,积极学习先进科学知识和新诊断技术,不断提高自己的业务水平和实验操作能力。

(四)实验室岗位职责

1.检测室岗位职责

(1)完成重大动物疫病、人兽共患病、常发动物疫病的检验监测和流行病学调查工作。

(2)根据日常实验计划制定诊断试剂及耗材的使用计划。

(3)负责实验室仪器设备的日常维护工作。

(4)负责实验室的生物安全管理和日常使用管理。

(5)在实验结束后,对实验废弃物等进行无害化处理工作。

(6)负责实验室安全、卫生工作。

2.业务办公室岗位职责

(1)负责样品接收与管理,保存样品接收记录。

(2)负责实验试剂的采购工作。

(3)在实验结束后,对实验结果进行整理,填写检验结果通知单或检测报告,并交与受检方,保存结果通知单存根及检测报告副本。

(4)负责实验室各类档案的管理工作。

(五)实验室档案资料管理制度

1.实验室检测原始记录管理制度

(1)原始记录要求真实、准确、完整、格式规范。要求按原始记录表格逐项认真填写,以保证其能够复检再现。应当包含的基本信息有:检测日期;样品名称或种类、样品数量、样品编号;检测结果;检测方法及依据标准;试剂名称、批号;仪器设备名称、编号等。一律使用钢笔或中性笔填写,不得使用圆珠笔、铅笔填写。

(2)仪器原始记录如酶标仪等,电子版留存命名时要写明检测时间、检测项目、送检单位名称，打印出的纸质版也应注明相关信息。

（3）检测人员在填写检测记录时如遇记录错误确需更改时，应由项目检验人员在原始记录的错误字符上画上两横，将正确的字符填在上方并盖上更改人章或更改人签名。不得采用涂改、粘贴等方式，以致辨认不清原有的字符。

（4）原始记录要有检测人员的亲笔签字，由实验室技术负责人核对后签字。

（5）检测报告一式两份，内容完整，文字清晰，数据准确，结论科学规范，不允许涂改。

（6）经批准的检测报告盖检验专用章后，根据检验性质的规定，分别上报、发放和存档。

（7）原始记录、检测报告必须由专人负责归档保存，不准私自外借（传），如确实需要，由领导审批后查阅。

2. 实验室档案管理制度

（1）实验室每年的诊断报告、检测记录、收发文件、工作总结等相关资料应整理成册存档保管。

（2）档案管理遵循专柜保存、专人负责，分类科学、资料完整、检索方便，环境清洁、存放整齐的原则。

（六）实验室仪器设备使用管理制度

（1）所有仪器设备信息需登记造册并安排专人管理，长期保存。其内容包括：仪器设备的名称、型号、购入日期、保修期、厂家或购入时代理商信息、仪器保管人员等。

（2）仪器设备要严格按照试验分区放置在固定位置，严格按照操作规范进行操作和保养。每次使用过后要填写仪器使用情况记录。

（3）各种仪器设备须定期维护、校正，不能超负荷运行。仪器设备故障时应立即组织维修，并记录维修情况，精密仪器不可擅自维修。

（七）实验室药品试剂管理制度

（1）药品试剂要登记造册，按特性分类存放。

（2）剧毒药品和危险物品要设置专库存放，并张贴警示标志，采取两人保管制（双人双锁）。

（3）领用危险物品时要填写领用单，领取后未用或用后剩余的未经污染的危险物品应注明剩余量并及时退回库房，使用后的有毒残液应进行无害化处理。

（4）保管人要对试剂药品进行定期核查，过期、潮解、变质的试剂要及时清理并进行无害化处理，填写无害化处理记录单。处理后及时更新库存记录，做到账物相符。

(5)搬运和使用危险化学品时配备防护用品,做好个人防护。在二人协同下进行工作,出现问题及时上报,剩余须立即交还。

(八)病料采集、保存及运输制度

(1)采集前准备好器械和容器,器械一畜一套。所需器械如刀、剪、镊子等要煮沸 30 min 灭菌,使用前用酒精擦拭、火焰消毒。盛装病料的器皿使用前需 103 kPa 高压 30 min 或 160℃干烤 2 h 灭菌。注射器、离心管等应采用一次性制品。采集后用具、器皿等需消毒、清洗。

(2)采样人员需注意个人防护,穿防护服,戴手套、帽子、口罩。

(3)采取病料时最好选择濒死期或刚死的畜禽,死亡时间不超过 6 h,夏季应更短。选取临床表现明显的动物采取病料再检查。死亡时间过长的尸体易于腐败,滋生微生物,不利于病原微生物的检出。

(4)对于死因不明的动物尸体,在解剖前,必须做血液涂片进行染色镜检,排除炭疽感染后方能解剖取样。

(5)组织脏器病料采取的具体部位要根据主要临床表现、流行病学调查的具体要求确定,样品要尽可能齐全,种类多,除了内脏、淋巴结和局部病变组织外,必要时还应采取脑组织。

(6)病料采集好后要分别置于不同的容器中,或分装于不同的自封袋,容器或袋外要用防水记号笔注明病料名称、采样日期、采样场点等信息。

(7)采样后要认真填写采样单。采样单上应详细记录病料的来源、采样时间、地点、送检单位、免疫情况、采样人、发病症状、病理变化等信息。

(8)病料采集过程结束后,要对动物尸体进行无害化处理,采样地点要进行彻底消毒。

(9)病料严格密封运送,避免泄漏。因故不能马上送检或天气较为炎热的情况下,用作细菌检验的病料可用 30%甘油生理盐水缓冲液保存,作病毒检验的材料,可用 50%甘油生理盐水缓冲液保存。如病料能在采后 24 h 内送抵实验室,可放在 4℃左右的容器中运送;24 h 内不能送抵实验室,需在冷冻条件下运送。

(九)实验室安全操作制度

(1)工作时间实验室工作人员不得擅自离开工作岗位,非实验室工作人员严禁私自进入实验室。

(2)进入实验室要穿工作服,戴帽子、手套、口罩等安全防护用品。

(3)实验室内严禁吸烟、喝水、进食等行为。

(4)实验室内各种试剂要按温度、湿度等环境要求分类存放,各种实验器具要摆放整齐,严格按操作规程使用。

(5)每项试验前应提前准备好试剂及所需耗材,制定操作方案。用于实验室检测的试剂,在使用前必须确认能够满足检测方法规定的要求。

(6)从事高致病性病原微生物相关实验活动应当有 2 名以上的工作人员共同进行。

(7)实验员要认真负责,发现一类传染病要上报有关部门或领导。

(8)实验室工作人员在处理病原微生物、含有病原微生物的实验材料或寄生虫时,必须采取综合防护措施,以确保实验对象不对人和动物造成生物伤害,确保周围环境不受污染。

(9)实验室必须按消防相关要求配备适用足量的消防器材。

(10)PCR(聚合酶链式反应)实验室应当严格分区,一般分成试剂配制区、核酸(样品)提取区、PCR 扩增区、PCR 扩增结果检测(电泳)区等 4 个区。

(11)实验室属于强制检定范围的计量器具,未按照规定申请检定或者检定不合格继续使用的,责令停止使用。

(12)试验用品经消毒处理后方可丢弃或清洗,实验废弃物应进行无害化处理,不得随意丢弃。

(13)要保持实验室环境整洁,定期进行安全检查和消毒处理。

(14)实验结束关闭所有热源、水源和电源(冰箱、恒温箱除外)。

(十)实验室样品管理制度

(1)实验室工作人员接收检测样品后,填写样品接收登记表。

(2)根据不同样品性状分类保管存放。

(3)样品室要定期清理消毒,保证器具、环境等整洁。

(4)超过保存(质)期的样品,要及时报批,并由专人进行无害化处理。

(十一)实验室废弃物处理制度

(1)废弃病料、试剂、耗材等根据其危害性不同采取销毁、高压消毒、加消毒药以及送专门处理部门等不同措施进行无害化处理。

(2)盛放过病料、样品的器皿及试验结束后可重复利用的耗材等,应先进行消毒,再洗涤。

(3)被病原微生物污染的样品、物品等应严格高温消毒,以防扩散病原。当发生病原微生物污染屋面、地面、衣服和器械等意外情况时应立即采取消毒措施。用过的污物和废弃物必须投入容器集中焚毁,禁止乱放和随意丢弃。

(4)实验室危险废弃物处理的原则如下:①将操作、收集、运输、处理及处置废物的危险减至最小;②将其对环境的有害作用减至最小;③只可使用被承认的技术和方法处理和处置危险废物;④排放符合国家或地方规定和标准的要求。

(十二)人员培训与考核制度

(1)实验室负责人制定年度人员培训计划并定期组织技术交流会、座谈会。

(2)新分配、新调入及转岗人员由质量负责人组织岗前培训,保证其掌握实验室技术规范、操作规程、生物安全防护知识和实际操作技能等专业知识及技能,并进行考核。工作人员经考核合格的方可上岗。

(3)外出培训人员学习结束后,应对本单位所有从事该项工作的人员进行培训。

(4)技术负责人负责及时跟踪标准、规程等技术规范的修订情况,并组织人员参加培训。

(5)应至少一年组织一次考核,对于考核不合格的人员,应培训合格后再上岗。

二、兽医实验室分级及各级实验室相关要求

兽医实验室是指一切从事兽医病原微生物、寄生虫研究与使用,以及兽医临床诊疗和疫病检疫监测的实验室。

(一)实验室等级划分

国家根据实验室对病原微生物的生物安全防护水平,对实验室实行分级管理。实验室生物安全防护水平分为一级、二级、三级和四级(原国际惯例以 P1、P2、P3、P4 表示,现已更改),一级防护水平最低,四级最高。针对兽医实验室而言,一级、二级实验室不得从事高致病性病原微生物实验活动,二、三、四级生物安全实验室可开展未经培养的高致病性禽流感病毒、口蹄疫病毒感染性材料试验。

以 BSL-1、BSL-2、BSL-3、BSL-4 表示从事体外操作的实验室的相应生物安全防护水平[BSL 是 bio-safety level(生物实验室安全水平)的缩写]。以 ABSL-1、ABSL-2、ABSL-3 和 ABSL-4 表示包括从事动物活体操作的实验室的相应生物安全防护水平[A 是 animal(动物)的缩写]。BSL-3、BSL-4 和 ABSL-3、ABSL-4 实验室应当通过国家认可。

(二)各级实验室可开展的实验

根据病毒的危害程度区分,各级实验室可开展的病毒实验见表 3.1。

表 3.1 各级实验室可开展的病毒实验表

病原微生物危害程度	实验活动所需生物安全实验室级别			
	病毒培养	未经培养的感染材料的操作	灭活材料的操作	无感染性材料的操作
第一类	—	—	BSL-2	BSL-1
第二类	—	BSL-2	BSL-1	BSL-1
第三类	BSL-2	BSL-2	BSL-1	BSL-1
第四类	BSL-1	BSL-1	BSL-1	BSL-1

注：表中—表示不可操作。

根据细菌的危害程度区分，各级实验室可开展的细菌实验见表 3.2。

表 3.2 各级实验室可开展的细菌实验表

病原微生物危害程度	实验活动所需生物安全实验室级别		
	大量活菌操作	样本检测	非感染性材料的操作
第一类	—	—	BSL-2
第二类	—	BSL-2	BSL-1
第三类	BSL-2	BSL-2	BSL-1

注：表中—表示不可操作。

（三）各级实验室应满足的基本要求

1. BSL-1 实验室基本要求

（1）BSL-1 实验室仅可做在通常情况下不会引起人类或者动物疾病的微生物（第四类微生物）的教学、研究等工作。

（2）BSL-1 实验室的设计和设施方面应满足以下要求：

保证实验室的正常运转有充足的空间。

实验室的墙壁、天花板、地面要平整、易清洁，地面最好防滑且尽可能地避免将管线暴露在外。

实验台应采用防水台面，可耐消毒剂、酸、碱、有机溶剂的腐蚀并能适度耐热。

实验室内应保证实验所需的光照条件，实验台上可另加照明灯。

实验室内的仪器设备位置应尽量固定，设备间要保证有足够的空间以备清洁。

实验室最好设立专门的贮藏室，用以存放耗材等可常温存放的物品。

因进入实验室要更换工作服，在实验室的工作区域外应设有存放外衣和私人物品的区域。

每个实验室都应该有洗手池，洗手池最好安装在出口处。

实验室的窗户应设置纱窗。

配备适当的消毒设备。

2. BSL-2 实验室基本要求

(1)BSL-2 实验室的安全设备和设施适用于操作我国危害程度第三类的病原微生物。

第三类病原微生物，是指能够引起人类或者动物疾病，但一般情况下对人、动物或者环境不构成严重危害，传播风险有限，实验室感染后很少引起严重疾病，并且具备有效治疗和预防措施的微生物。如低致病性禽流感病毒、伪狂犬病毒、结核分枝杆菌。

工作人员在这类实验室中可能暴露于感染性物质的途径包括皮肤或黏膜破损，污染的针头或利器的伤害，呼吸道或黏膜暴露于感染性气溶胶或飞溅物等。

(2)BSL-2 实验室的设计和设施方面应在满足 BSL-1 实验室设施的基础上增加以下内容：

增加生物安全柜、高压灭菌器、洗眼器和面罩等仪器和安全设备。

实验室窗户应当能够打开，同时安装防虫纱窗。新建的 BSL-2 实验室可考虑安装通风系统，以使空气向内流动而不发生循环。

有可靠的电力供应和应急照明。生物安全柜、生化培养箱、超低温冰箱等重要设备应设有备用电源。实验室出口应有在黑暗中可明确辨认的标识。

(3)BSL-2 实验室生物安全相关要求如下。

①BSL-2 实验室危险废弃物及处理方法：可能带有病原的样本，血清、组织、尸体、培养基、培养液、疫苗；检测使用的物品，滴头、离心管、试管、注射器等；个体防护用品，手套、口罩、防护服等。

以上物品通常选用高压高温、化学消毒、焚烧等方法进行无害化处理。

②BSL-2 实验室的标准操作：

工作区内禁止吃、喝、抽烟、用手接触隐形眼镜和使用化妆品。

食物应在专门设计的工作区外的柜内或冰箱内贮藏。

使用移液管吸取液体，禁止用嘴吸取。实验过程中涉及的操作均须小心，以减少实验材料外溢、飞溅、产生气溶胶。实验材料意外溅出时，要立即用有效的消毒剂进行消毒。

操作利器时应格外注意，避免受伤。

每天完成实验后对工作台面进行消毒。离开实验室前脱掉手套、帽子、鞋套、口罩等防护用品。实验用工作服不得穿出实验区。离开实验区后要洗手。

③BSL-2实验室涉及的常用危险标识：有毒有害、生物危险、腐蚀性、辐射、易燃、易爆、高温、低温、强光、震动、噪声等。

三、实验室质量管理体系

实验室应当建立标准化的管理体系文件，包括质量管理体系文件和生物安全管理体系文件。实验室管理体系应覆盖其所有场所进行的工作并摆放在明显位置，易于日常工作时查阅。

（一）实验室质量管理体系

1.实验室质量管理体系文件（图3.1）

实验室质量管理体系文件通常包括：实验室质量管理手册、质量管理程序文件、作业指导书、技术记录表格及质量记录表格等。

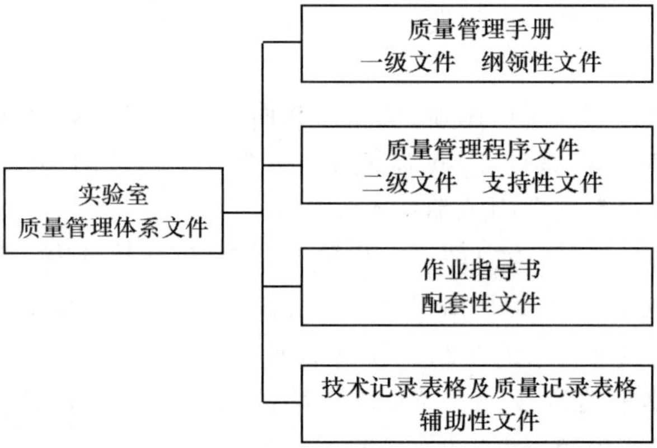

图3.1　实验室质量管理体系文件分层图

实验室质量管理手册是为贯彻实验室质量管理方针和目标编制的、适应检测工作需要和保证检测质量的、本实验室员工必须遵守的纲领性文件，规定了质量管理体系各个要素和管理要求，为一级文件。

质量管理程序文件是质量管理手册的支持性文件，为满足检测质量要求，描述了检测的各个环节、过程，以确保所有过程受控，为二级文件。

作业指导书是检测工作的技术文件，是程序文件的细化，包括检测方法、检测实施细则、各类设备操作规程等详细的操作文件，为配套性文件。

技术记录表格及质量记录表格等为辅助性文件，是质量控制和检测工作全过程的记载。它是质量体系有效运行和检测工作符合规定要求的证据，同时也是持续改进的依据。

2. 实验室质量管理方针

科学:遵守国家有关法律法规,依据检测技术规程、规范和标准,选用匹配的仪器设备,确保检测方法的科学性。

及时:做好检测用药品试剂的储备工作,在规定的时间内完成检测工作。

准确:检测报告以准确无误为标准,确保检测结果的准确性。

实验室所有管理体系文件都应该受控,受控的文件应有控制编号。

3. 实验室质量管理目标

建立并实施完善的质量体系,确保有效运行并持续改进。检测中的重大事故率为零,检测报告无数据或结论性差错。所有质量记录和原始记录、计算和导出数据、记录以及证书/证书副本等技术记录均应当归档并按适当的期限保存。

(二)实验室生物安全管理体系

实验室生物安全管理体系文件通常包括实验室生物安全管理手册、程序文件、操作规程及仪器使用说明、记录表格等文件(图 3.2)。通过落实实验室安全体系文件可实现对实验室安全运行状态的控制、监督和记录,保证实验室生物安全管理体系的有效运行。

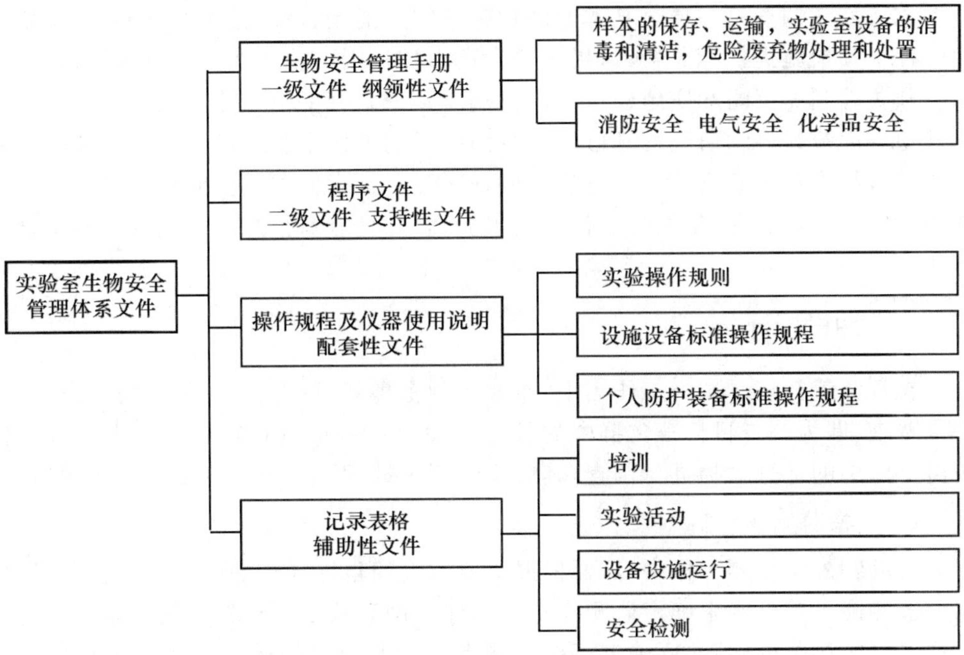

图 3.2 实验室生物安全管理体系文件分层图

生物安全管理手册(一级文件):手册提出了管理方针、管理目标、组织结构,规定了生物安全管理体系各个要素和管理要求。如对病原性样本的保存、运输,实验室设备的消毒和清洁,危险废弃物处理和处置工作,以及与实验室安全相关的消防安全、电气安全、化学品安全等方面做出了详细说明,是实验室生物安全工作的纲领性、指导性文件。

生物安全程序文件(二级文件):依据实验室活动的目的、范围和职责,规定了工作流程中生物安全事宜及要求,是生物安全管理手册的支持性文件。

生物安全标准操作规程及仪器使用说明(配套性文件):是实验室具体工作中,依据生物安全要求制定的技术文件,包括实验操作细则、设施设备标准操作规程、个人防护装备标准操作规程等作业性文件。

生物安全记录表格(辅助性文件):规定了必须记录的生物安全工作事项,如培训、实验活动、设施设备运行、安全检查记录等。

第二节　流行病学调查

流行病学调查是一项最基本的动物医学实践活动,目的是为探索病因,实施疾病防控干预措施提供相关资料,提出符合逻辑的病因结论或病因假设线索,并提出疾病预防控制的策略和实施建议。流行病学调查属于描述流行病学的范畴,是进行其他方面流行病学研究的基础。在我们平时的工作中也经常会遇见各项由农业部或是省级疫控中心下达的流行病学调查任务。这就要求我们能够重视流行病学调查工作,知道流行病学调查工作的基本流程,并且能够很好地完成流行病学调查工作。

一、抽样设计

在日常流行病学调查工作当中,想要得到畜禽的目的信息一般有两种方法:一种是普查,即为调查目标畜禽群中的所有动物;另一种是抽样调查,即为抽取目标畜禽群体中的部分动物进行调查,其后再运用统计学方法来推算整群动物的情况。

(一)抽样原则

在动物疫病监测工作中,需要根据所要监测的目标动物群体的大小、监测目的以及监测能力等因素来确定监测样本的采样比例和数量。首先要确定监测点的数量或者是监测范围,其次要确定每个监测点或监测范围内的抽样比例和数量。抽样应按照相关要求进行随机抽取,抽样比例需要根据动物群体大小的不同进行相关调整，群体范围越大，抽样比例应该越低，同时，每批次的监测数量需要符合生物统计学规定的最小样本数量。

在日常工作当中，只有以畜群为基本采样单位，根据样品随机采样原则，同时兼顾所采样品的平衡性和代表性，长期、连续、系统地进行监测活动，才能对发现疾病的分布规律以及长期发展趋势有所帮助。

（二）抽样方法

选择合适的抽样方法是达到抽样目的的重要环节。抽样方法分为非随机抽样和随机抽样两大类。动物流行病学调查中，个体是基本的调查单位，总体是全体的研究对象，抽样框是包括所有抽样单位的名单框架。

1.非随机抽样

常用的非随机抽样方法通常有判断抽样、偶遇抽样和配额抽样。

判断抽样是工作人员根据经验和实际条件确定样本的数量的抽样方法。在平时的工作当中，有时不具有随机抽样的条件，上级领导、业内专家或其他相关工作人员可以根据实际情况采用判断抽样的方法。这种方法相对而言简单易行，但是并不可靠。

偶遇抽样是预先没有确定样本的大小，遇见哪个样本调查哪个样本。例如：在检查过程中选择愿意配合的畜主的畜群进行抽样。

配额抽样是按总体特征配置样本份额，抽样时由调查员随意抽取。例如：非洲猪瘟流行病学调查中，河北省选择两个地市，每个地市选两个县进行抽样。

非随机抽样具有准确性低，代表性差的缺点，因此依据非随机抽样得到的分析结果只具有参考价值。但是由于非随机抽样还具有方便性的优点，所以被采用的频率较高。

在日常工作中，常见的两种非随机抽样示例：进行免疫抗体监测时，每个监测点禽类至少采集 30 份血清样本，家畜至少采集 20 份血清样本；进行病原学监测时，每个监测点至少采集 20 份样本。

2.随机抽样

随机抽样就是被调查对象总体中的每个部分都有同等的被抽中的可能，是一种完全按照机会均等（也被称为“等概率”）的原则来进行的抽样。随机抽样有省事、省力的优点，而抽样调查的设计较为复杂，如果出现重复或者遗漏不容易被发现。下面两种情况不适合随机抽样：患病率太低的疾病（抽样比超过 75%）；变异过大的样本。随机抽样有四种常用方法：简单随机抽样、顺序抽样、分等按比例抽样和群组抽样。

简单随机抽样是使研究对象的每个个体有同等机会被抽出作为样本的抽样方

法。具体的操作方法是先将研究对象进行编号，再通过随机数字表、抽签或电脑抽取的方式进行抽样。简单随机抽样具有操作简单的优点，但是需要完整的抽样框，适用于动物数量较小的情况。

顺序抽样是在有限总体中，将所有个体进行一一编号，每隔一定的数目，均匀地抽取一个个体。顺序抽样法具有简单易行，不需要目标总体的过多信息，样本能够在总体中平均分布，比简单随机抽样的误差小的优点。经常用于在屠宰场抽样。

分等按比例抽样又叫分层按比例抽样，就是把总体分成若干等次，了解每一等次约占总体的比例是多少，对每个等次按比例抽样。每一个等次内的个体间差异越小越好，各等次之间的差异越大越好，这样可以提高总体指标估计的精准度，更有效地降低抽样误差，从而获得更具有代表性的数据；还可以分别估计各等次内的情况，方便管理。尤其是在总体数目较大及内部构成复杂时多采用分等按比例抽样，所以此方法在动物疫病状况调查中普遍应用。

群组抽样又叫整群抽样，把总体分成若干群组，作为抽样单元，进行随机抽样，把所抽到的群组作全面调查，然后集中起来估计总体的参数。例如某商品猪场采样，以栋舍为基本群组单位，随机选取一栋进行全面调查。

3.样本量估算

在工作当中，根据需要选择抽样方法，而确定抽样方法之后需要确定样本量的大小，对样本量的估算也就至关重要了。

临床简便采样方式：当动物群体较大时，家禽一般按 0.1%～0.5%采样，家畜按 0.5%～1.5%采样。

样本大小取决于所监测疫病的流行程度及样本的置信水平（在流行病学工作中，通常把 95%作为标准置信水平）。感染率通过经验估计或者采用以往的临床数据推算。样本量估算公式为：

$$n = [1-(1-\mathrm{CI})^{1/d}] \times [N-(d-1)/2]$$

式中：n 为样本量；N 为群体大小；d 为预期群体中染病动物数量；CI 为置信水平（95%）。

在一个感染群体中检测到一个或更多的阳性动物有 95%的置信水平时的样本量应根据疫病流行率（发病动物数占全群动物数的百分比）来确定，流行率越高采样数量越少。

由于统计学公式较为复杂，难以在临床上应用，为了方便日常工作中样本量的估算，使用统计学软件制作出以下三个表格，可根据需要查询样本量。

表 3.3 为群体抽样数量表，按行政区域进行划分，在 95%置信度、10%预期流

行率、5%可接受误差测算下的抽样场群数可查阅此表。

表 3.3　群体抽样数量表

(按 95%置信度、10%预期流行率、5%可接受误差测算)

场群总数(个)	抽样场群数(个)
50 以下	20
50	37
100	59
150	72
200	82
250	90
300	95
350	100
400	103
450	106
500	109
550	111
600	113
650	115
700	116
750	117
800	118
850	119
900	120
950	121
1 000	122
1 100	123
1 200	125
1 300	125
1 400	126
1 500	127

表 3.4 为不同大小的动物群体在不同的感染率下使用得到统计学软件的样本量。

表 3.4　不同大小的动物群体在不同的感染率下的样本量

动物数	感染率					
	0.1%	1%	2%	5%	10%	20%
10	10	10	10	10	10	8
50	50	50	48	35	22	12
100	100	96	78	45	25	13
500	500	225	129	56	28	14
1 000	950	258	138	57	29	14
10 000	2 588	294	148	59	29	14
>10 000	2 995	299	149	59	29	14

表 3.5 为在 5%预期流行率下，不同大小的群体的抽样数量。

表 3.5　个体抽样调查数量表

（按 95%置信度、5%预期流行率、5%可接受误差测算）

场群存栏数(头、只)	抽样数量(头、只)	场群存栏数(头、只)	抽样数量(头、只)
50 以下	20	750	67
50	30	800	67
100	43	850	68
150	50	900	68
200	54	950	68
250	57	1 000	69
300	59	1 100	69
350	61	1 200	69
400	62	1 300	70
450	63	1 400	70
500	64	1 500	70
550	65	1 600	70
600	66	1 700	70
650	66	1 800	71
700	67	1 900	71

续表 3.5

场群存栏数(头、只)	抽样数量(头、只)	场群存栏数(头、只)	抽样数量(头、只)
2 000	71	2 700	72
2 100	71	2 700～5 000	72
2 200	71	6 000 及以上	73
2 300	71		
2 400	71		
2 500	71		
2 600	71		

二、流行病学监测

流行病学监测是从动物群体的角度来研究某种或某些动物疫病的发生、发展以及对疾病进行相关预防控制的一门科学。动物流行病学监测是流行病学的一种重要的应用形式，是旨在说明动物群体中的疫情状况而开展的样品检测活动。

流行病学监测主要有四个方面的目的：第一，能够及早发现外来病、新发病和突发传染病，并确定病因；第二，确定疾病的发生和分布情况，并评价其危害程度，进而判断该病的发展趋势；第三，评估防控政策或措施的执行效果；第四，证明某区域内或国家范围内的无疫状态。

平时工作中通常会遇到以下四种监测形式：

（一）地方流行病的监测

地方流行病的监测方法有常规监测和定点监测两种。常规监测是根据现有疫情测报体系，全面收集疫情个案和暴发病例的信息，包括疫情情况、流行特征、暴发原因、实验室检测结果、控制措施效果等；定点监测是按照抽样调查的方式，有目的地获取相关监测数据，借以推断该病在特定范围内的流行情况。而在我们的日常工作中常规监测和定点监测两种形式都会涉及到。

（二）外来病和新发病的监测

及时有效的监测预警是应对外来病和新发病的一个重要方面。通过密切关注国外疫情动态、进境隔离检疫、常规监测和区域风险监测的方式进行外来病和新发病的监测。同时，也要做好外来病防控知识宣传、技术人员诊断技术培训工作，对提高对外来病和新发病的发现能力具有不可或缺的作用。

（三）证明无疫的监测

无疫监测能够为宣布国家或地区无特定疫病状态提供令人信服、严密有效的疫病监测证据；无疫状态得到确认后，持续开展监测活动，及时发现复发疫情，为有效开展应急处置、及早恢复无疫状态提供技术支持。

按照国际无疫认证的要求，在无疫区内应有一个与该疫病相关的信息和流行病学监测系统，根据所要建设的无疫区的类型，分别开展某种疫病的非免疫无疫监测和免疫无疫监测。通常采用的方法有常规监测与疫情报告、抽样检测、风险监测和哨兵监测。

历史无疫和过去25年内无疫两种情况下进行无疫认证时不需实施病原学监测。

1.历史无疫的认证条件

(1)从来没有发生过该病，或是该病已经消灭至少25年；

(2)在过去的十年一直将该病定为法定报告疫病；

(3)已经实施预防该病的入侵措施；

(4)已经实施早期监测系统；

(5)对该病不进行免疫接种；

(6)已知野生动物没有感染的情况发生(在有证据表明野生动物中存在感染的情况下，任何国家和地区都不得申请历史无疫，但野生动物监测不是必需的)。

2.过去25年内无疫的认证条件

(1)过去的25年内没有发生该疫病；

(2)在过去的十年一直将该病定为法定报告疫病；

(3)已经实施早期监测系统；

(4)已经实施预防该病的入侵措施；

(5)不再针对该病进行免疫接种；

(6)已知野生动物没有感染的情况发生。

(四)疫苗免疫效果监测

我国是养殖大国，饲养方式较多，养殖条件不完善，动物疫病发生率较高，因此对疫苗免疫措施的依赖性强。

疫苗免疫效果监测可以掌握被免疫动物群体的特异性抗体水平，了解动物群体的保护情况，辅助评估疫病流行现状和发展趋势；评估免疫质量、免疫程序和免疫效果，有利于改进免疫接种方式和免疫程序；有利于了解疫苗的质量和缺陷，促进疫苗优化和新型疫苗研发。

在疫苗免疫效果监测中常用的概念及其计算公式如下：

$$接种率=\frac{实际接种动物数}{应该接种动物数}\times 100\%$$

免疫合格率是了解疫苗接种质量、效果的重要指标。

$$免疫合格率=\frac{免疫合格动物数}{实际接种动物数}\times 100\%$$

$$疫苗保护率=\frac{对照组发病率-接种组发病率}{对照组发病率}\times 100\%$$

效果指数是鉴定疫苗保护效果的一个指标。

$$效果指数=\frac{对照组发病率}{接种组发病率}$$

免疫副反应发生率是用来反映疫苗质量好坏的指标。

$$免疫副反应发生率=\frac{出现副反应的动物数}{免疫接种动物数}\times 100\%$$

生产实践中要结合实际情况，灵活运用监测数据，对免疫效果进行客观准确的评价。在免疫前测定群体的基础抗体水平及其均匀度，以便于进行免疫效果的前后对比评价；被检测动物中存在少数抗体效价异常高的动物，需要考虑是否受到野毒感染的情况。

三、动物疫病风险分析

动物疫病风险是指疫病可能传入或者发生的概率，也包括其后造成的损失。风险包括风险客体、风险因素和风险主体三个基本要素。风险主体指承担不利结果的动物、人员或者机构等；风险客体指对动物、人员或者机构造成不利结果的事物；风险因素指导致风险主体出现不利结果的因素。风险客体在某种风险因素的作用下导致风险主体受到损害的事件称为风险事件。在传染病学中，风险客体通常指病原体；风险因素通常指疫苗免疫，养殖条件，环境气候等；风险主体指易感动物。

风险分析就是对影响事物朝着人们非期望方向发展的各种不确定性因素（风险因素）进行测试和分析，以便估计事物朝着非期望方向发展的可能性和程度。

（一）风险分析的具体步骤

1.明确问题

明确风险主体、风险客体包含哪些内容，确定风险可接受水平、采用的数据来源等方面问题。

例如：在我国马流感发生的风险评估中，需要明确的问题是奥运比赛期间马流感病毒能否感染参赛马匹，是否会对马术比赛产生影响。

2.设定条件

确定评估框架，提出风险分析的理论假设条件、现有条件和分析原则等。

例如：在我国马流感发生的风险评估中，风险评估遵循世界动物卫生组织风险评估框架。基于地理学第一定理进行分析，采用定性评估方法的原则。

3.分解目标

把复杂问题拆分为若干个子问题后再进行分析。拆分问题的依据有时间、空间和目标等。

例如：在我国马流感发生的风险评估中，按照问题的性质对目标进行分解：一是分析动物及其产品进口会不会对赛马产生影响；二是国内的病原会不会对赛马产生影响。

4.风险识别

风险识别包括确定风险主体、分析风险客体和识别风险因素三方面。风险识别要确立风险分析的具体目标；估算风险分析占用和消耗的资源；收集和整理资料；对风险进行初步评估；选择风险识别的方法。

用于识别风险的方法有风险列举法、幕景分析法、表格与问卷识别法和定性仿真法。

(1)风险列举法是根据风险主体的各项活动记录以及其他参考资料分析风险主体可能会遇到的风险。风险列举法包括流程图分析法和环境分析法。

流程图分析法通过对风险主体运作流程的环节一一进行调查分析，来发现导致风险发生的因素。

环境分析法系统地分析风险主体外部的环境变化带来的风险。

(2)幕景分析法是对风险主体进行各种类别的风险模拟，来描述风险主体未来状况，分析未来可能对风险主体造成危害的因素，并进行归纳。

(3)表格与问卷识别法是风险分析人员利用自己掌握的知识设计出内容合理且易于回答的问卷或表格，发放给有关人员或者专家填写。具有风险主体化和规范化的特点，适用于对风险主体进行风险识别。

(4)定性仿真法是用非数字的手段处理建模、行为分析和输入等仿真环节，也可以借助计算机系统完成推理过程。适用于处理风险分析中的不确定数据。

在进行风险识别后，需要把结果整理形成书面文件，为下一步的风险评估做准备。风险识别结果包括风险来源表、风险分类与分组、风险的表现形式三方面内容。

风险来源表是一张不论风险事件发生的频率及可能产生的损害有多大，都会一一将其罗列出的表格。

风险分类与分组是风险识别的最后阶段，进行分类或分组的结果应该更有利于风险评估及风险管理。

为了后续工作的顺利进行，风险识别的结果中应该把风险的各种表现形式都列出来。

例如：在我国马流感发生的风险评估中，经过风险识别，对全球和我国马流感的发生和分布概况进行了分析，列出了风险来源及表现形式。2007年，法国、日本、美国、澳大利亚、挪威、智利、加拿大和蒙古国发生马流感疫情，有大量马匹感染。近30年来，全球报道的马流感疫情均由H_3N_8亚型马流感病毒引起。国内，近30年至少发生3次规模较大的马流感流行，范围涉及东北、华北、西南和西北等地区。

5.风险评估

风险评估阶段应说明风险因素的产生条件；风险因素的发展轨迹；风险事件的发生概率；风险事件对风险主体的危害。风险评估包括定性风险评估和定量风险评估两种方式。定性风险评估采用逻辑推理的方式，运用描述性语言评估结果，例如极有可能发生、可能发生和很少发生等。定量风险评估相对而言是较为准确的评估方法，结论通常以概率的形式表示。

6.风险管理

相关人员利用风险识别和风险评估得到的结论制定方案并实施的过程。风险管理包括方案制定阶段和方案实施阶段。这两个阶段不是完全独立的，而是一个问题的两个方面。首先需要在实践中检验风险管理方案，通过反馈信息对原方案进行修改，再去检验修改好的新方案，反复进行直到满意。

具体的风险管理方法有风险规避、风险预防、风险控制和不采取任何措施。

风险规避是在考虑到某项活动存在风险损失的可能性较大时，采取主动放弃或加以改变，以避免与该项活动相关的风险的策略。例如：近期某种猪病大流行，一些养殖户害怕亏损选择弃养。

风险预防是指风险主体不改变行动计划，事先制定防止某种风险发生的措施，对风险进行预先控制的风险管理方法。例如：近期某种猪病大流行，一些养殖场场主选择加强养殖场的生物安全措施，预防猪病的传入。

风险控制是指风险管理者采取各种措施和方法，消灭或减少风险事件发生的各种可能性，或风险控制者减少风险事件发生时造成的损失。例如：某养殖场发生了某种疫病感染时，场主主动进行强化消毒、药物治疗等，使动物群体健康状况好转。

不采取任何措施是一种比较极端的风险管理办法，通常在风险极小，没必要采取措施，或风险较大，但是没有合适的方法进行控制和规避的情况下采取。

科学的风险管理需要建立风险保障体系，通常由风险管理人员、风险管理信息以及风险管理的资金和设施组成。风险管理人员包括决策人员、研究人员和操作人员，这三种人员的工作任务可以交叉。风险管理的信息包括与风险识别、风险评估以及风险管理的理论研究和方案制定相关的理论、数据、方法和资料等；实施风险管理的保障措施、规章、制度及方法等。

7.风险交流

风险交流是指在风险评估人员、风险管理人员、生产者、消费者和其他有关团体之间就与风险有关的信息和意见进行相互交流，包括对风险评估结果的解释和执行风险管理决定的依据（图 3.3）。风险交流应当与风险管理和控制的目标一致，且贯穿于风险管理的整个过程，它不仅进行信息的传播，更重要的作用是将有效进行风险管理的信息纳入政府的决策过程中，同时对公众进行宣传、引导和培

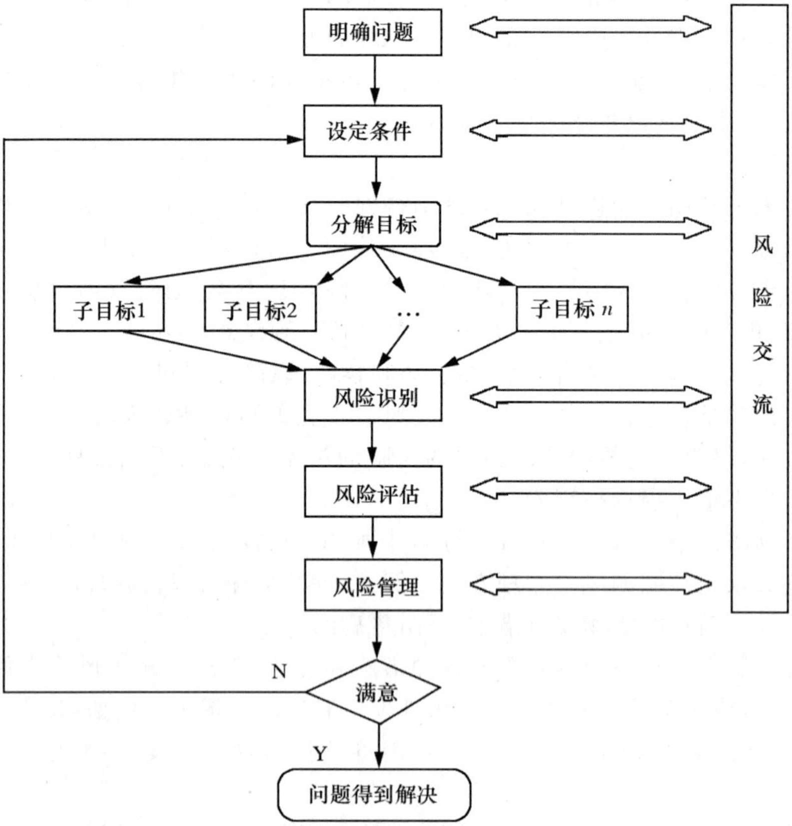

图 3.3　风险分析的具体步骤

训，也包括管理者之间和评估者之间的交流，是具有预见性的工作。

例如：在我国马流感发生的风险评估中，分析人员首先进行了资料收集和调研，并与养殖户、兽医人员交流；分析过程中，与河北、辽宁和北京等地的兽医主管部门的领导和专家等评估工作的实施者交流意见；报告初稿形成后，由农业部向体育总局和奥组委通报情况，征求意见后形成我国马流感发生的风险评估报告。

（二）风险决策

经过以上几个步骤，风险分析工作基本完成，问题已经明确，对各种风险因素发生的概率或者是可能性及风险发生带来的损失已经作出评估。在此基础上，分析者根据不同的风险管理目标和管理水平，制定相应的管理方案，由决策者进行选择后，依据既定方案实施风险管理。

第四章　动物疫病防控实用技术

第一节　实验室常用检测方法及判定标准

一、血清学试验

（一）血凝试验、血凝抑制试验

1. 适用范围

适用于禽流感、新城疫的抗体检测。

2. 器材与试剂

90° 96 孔 V 形微量反应板、移液器、移液器吸头、移液管、10 mL 离心管（或离心机大转子配套的离心管）、加样槽、离心机、普通天平。

pH 7.2 0.01 mol/L 磷酸盐缓冲液（PBS），配制方法参见 98 页附 4.1。没有条件配制 PBS 时，可用灭菌生理盐水替代。

1%鸡红细胞悬液，配制方法参见 98 页附 4.2。

阿氏液，配制方法参见 98 页附 4.3。（若在采集鸡血时使用抗凝管收集血液则无须配制阿氏液）

抗原、阳性血清。

注意事项：

96 孔 V 形微量反应板必须使用 90°的，不可使用 110°或 U 形反应板，否则会影响结果判定。最好使用一次性塑料反应板，用后灭菌处理。若使用重复利用的玻璃板或亚克力板，使用前要确保清洁、无菌。

3. 操作程序

1）血凝（HA）试验

在 90° 96 孔 V 形微量反应板中，前三行每孔加 25 μL PBS。

第 1 列孔加 25 μL 抗原,反复吹吸 3～5 次混匀。从第 1 列孔吸取 25 μL 混匀后的抗原液加到第 2 列孔中,混匀后吸取 25 μL 加入第 3 列孔,如此倍比稀释至第 11 列孔,从第 11 列孔吸取 25 μL 弃去。(1～3 行相同操作)倍比稀释后,第 1～11 列孔的稀释倍数依次为:1∶2,1∶4,1∶8,1∶16,1∶32,1∶64,1∶128,1∶256,1∶512,1∶1 024,1∶2 048。

每孔加 25 μL PBS。

每孔加 25 μL 1%鸡红细胞悬液,加入前鸡红细胞悬液应充分摇匀。

将反应板在振荡器上振荡 30 s,室温(20～25℃)下静置 20～30 min 或 2～8℃下静置 1 h(图 4.1)。对照孔(每行的第 12 列孔)红细胞将呈明显纽扣状沉到孔底(图 4.2,参见封三彩图 4.2)。

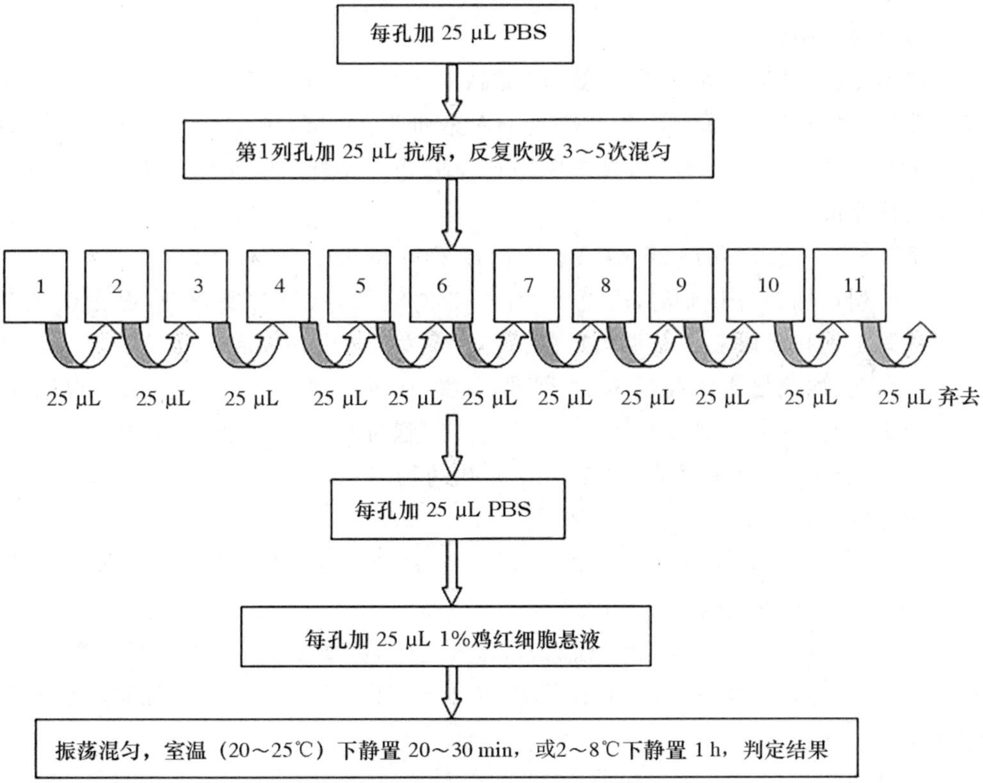

图 4.1　血凝(HA)试验步骤图

判定结果时,将反应板倾斜 60°,观察红细胞有无泪珠状流淌,完全无泪珠样流淌(100%凝集)的最高稀释倍数为血凝效价。

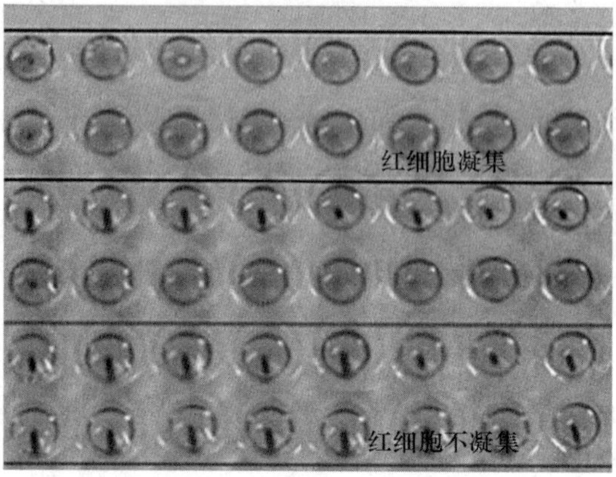

图 4.2 红细胞凝集状态示意图

2)血凝抑制(HI)试验

根据血凝(HA)试验测定的效价,配制 4 倍抗原(4HAU 抗原)。HA 效价除以 4 即为 4 倍抗原的稀释倍数。例如,HA 效价为 1∶256,则 4 倍抗原的稀释倍数应是 1∶64(256 除以 4),即 1 mL 抗原用 63 mL PBS 稀释后配制成总体积为 64 mL 的 4 倍抗原液。

第 1～11 列孔每孔加 25 μL PBS,第 12 列孔每孔加 50 μL PBS。

第 1 列孔加 25 μL 血清,反复吹吸 3～5 次混匀,吹吸时要缓慢,避免出现气泡。从第 1 列孔吸取 25 μL 混匀后的液体加到第 2 列孔中,混匀后吸取 25 μL 加入第 3 列孔,如此倍比稀释至第 10 列孔,从第 10 列孔吸取 25 μL 弃去。设第 11 列孔为病毒对照(阳性对照),第 12 列孔为红细胞对照(阴性对照)。每换一个样品要换一次枪头。倍比稀释后,第 1～10 列孔的稀释倍数依次为:1∶2,1∶4,1∶8,1∶16,1∶32,1∶64,1∶128,1∶256,1∶512,1∶1 024。

第 1～11 列孔均加入 25 μL 的 4HAU 抗原,振荡混匀,室温(20～25℃)下静置 20 min 或 2～8℃下静置 40 min。

每孔加 25 μL 1% 鸡红细胞悬液,振荡混匀,室温(20～25℃)下静置 20～30 min 或 2～8℃下放置 45～60 min,判定结果(图 4.3)。对照孔红细胞将呈明显纽扣状沉于孔底。

结果判定:

在红细胞对照出现完全沉淀、病毒对照出现完全凝集的情况下,将反应板作 60°倾斜,观察实验结果。以完全抑制红细胞凝集的最大稀释倍数为该血清的血凝抑制效价。

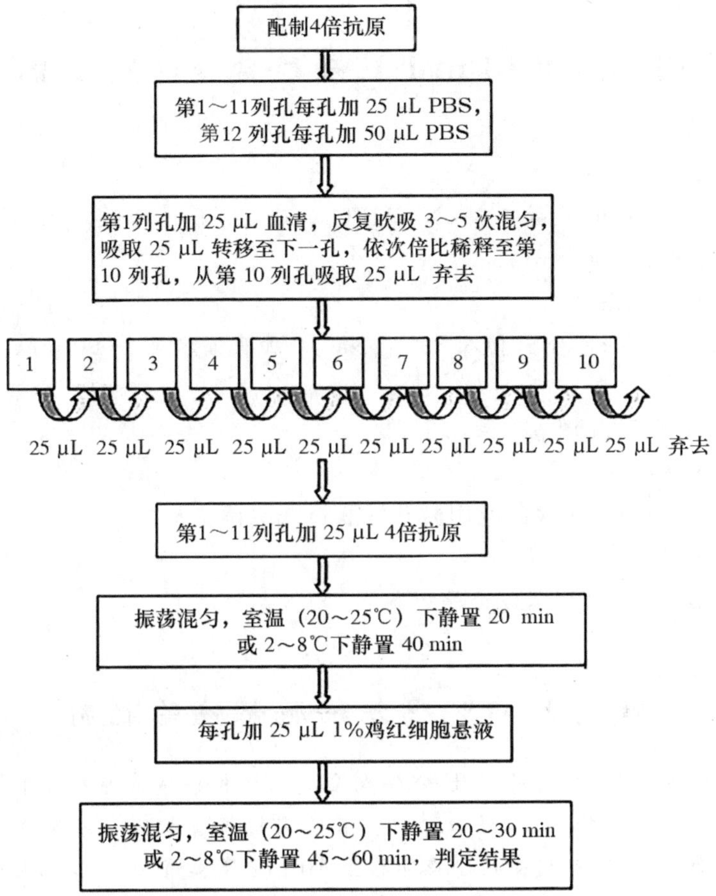

图 4.3　血凝抑制(HI)试验步骤图

当被检血清 HI 效价大于等于 $4\log_2$(4 个孔不凝集)时，判为禽流感/新城疫抗体阳性。

注意事项：

检测蛋鸡的禽流感/新城疫抗体效价时，可不采血，利用蛋黄进行实验。抽出新鲜蛋黄用灭菌生理盐水做 1∶1稀释后，代替血清使用，其余步骤不变。

实验中所有使用到 PBS 的地方均可用灭菌生理盐水替代。

玻璃反应板的清洗方法：甩净板中反应液后，先用清水浸泡 10 min，再在水龙头下冲洗，甩净自来水后放入纯净水中浸泡 10 min。浸泡结束后用手甩干，倒置于温箱中烘干。

附 4.1 pH 7.2 0.01 mol/L 磷酸盐缓冲液(PBS)的配制

1. 配制 25 倍 PBS

称量 1.973 4 g 磷酸氢二钠(Na_2HPO_4)、0.224 5 g 磷酸二氢钾($KH_2PO_4 \cdot H_2O$) 加蒸馏水至 1 000 mL。

2. 配制 1 倍 PBS

量取 40 mL 25 倍 PBS,加入 8.5 g NaCl, 加蒸馏水至 1 000 mL。

3. 调 pH

用 NaOH 或 HCl 调 pH 至 7.2。

4. 灭菌或除菌

69 kPa 15 min 高压灭菌或用微孔滤膜过滤除菌。

5. 保存时间

一经使用,于 2～8℃保存不超过 3 周。

附 4.2 1%鸡红细胞悬液的配制

采集至少 3 只 2～6 月龄 SPF 公鸡或无禽流感和新城疫等抗体的非免疫鸡的血液与等量阿氏液混合,放入离心管中。若使用抗凝管收集血液则无须再加阿氏液。将抗凝血或血液-阿氏液混合液转移至 10 mL 离心管或离心机大转子自带的离心管中,加入 3～4 倍体积的 0.01 mol/L PBS 混匀,以 3 000 r/min 离心 5～10 min,去掉血浆和白细胞层,反复洗涤 3～4 次至完全清除血浆和白细胞层。最后用 0.01 mol/L PBS 配制成 1%的红细胞悬液(即 1 mL 红细胞加 99 mL PBS 配制成 100 mL 红细胞悬液),2～8℃保存备用。PBS 可用灭菌生理盐水替代。红细胞悬液使用前必须摇匀。

附 4.3 阿氏液的配制

葡萄糖($C_6H_{12}O_6 \cdot H_2O$)2.05 g、柠檬酸钠($Na_3C_6H_5O_7 \cdot 2H_2O$)0.8 g、柠檬酸($C_6H_8O_7 \cdot H_2O$)0.055 g、氯化钠(NaCl)0.42 g,加蒸馏水至 100 mL,加热溶解后将 pH 调整为 6.1,过滤、分装、69 kPa 20 min 高压灭菌,2～8℃保存备用。

(二)正向间接血凝试验

1.适用范围

适用于猪瘟、O型口蹄疫的抗体效价检测。

2.原理

用已知抗原检测未知抗体的试验,称为正向间接血凝试验。不同的抗原与其对应的抗体相遇,在有电解质存在的适宜条件下形成抗原抗体复合物,但这种复合物肉眼不可见。将抗原吸附(致敏)在红细胞表面后,再与抗体结合,便出现肉眼可见的凝集现象(图4.4)。

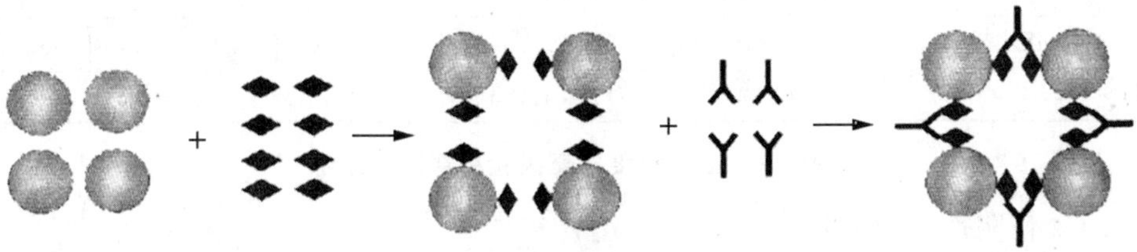

图4.4 正向间接血凝试验原理示意图

3.器材

110° 96孔V形血凝板,微量移液器与吸头,加样槽,猪瘟/O型口蹄疫血凝抗原(猪瘟/O型口蹄疫正向血凝诊断液),猪瘟/O型口蹄疫阴阳性对照血清,血清稀释液,待检血清(被检血清)。

4.试验方法

1)加稀释液

在血凝板上1～6行的1～9孔,第7行的1～4孔,第8行的1～12孔各加稀释液50 μL(图4.5)。

2)稀释待检血清

取1号待检血清50 μL加入第1行第1孔,混匀(避免产生过多的气泡),取出50 μL移入第2孔,混匀后取出50 μL移入第3孔……直到第9孔混匀后取出50 μL丢弃。此时第1行1～9孔待检血清的稀释度(稀释倍数)依次为:1∶2,1∶4,1∶8,1∶16,1∶32,1∶64,1∶128,1∶256,1∶512。

取2号待检血清加入第2行,取3号待检血清加入第3行……均按上法稀释。注意:每更换一份血清,必须更换枪头!

<table>
<tr><th></th><th>1</th><th>2</th><th>3</th><th>4</th><th>5</th><th>6</th><th>7</th><th>8</th><th>9</th><th>10</th><th>11</th><th>12</th></tr>
<tr><td>1</td><td>50 μL</td><td>50 μL</td><td>50 μL</td><td>50 μL</td><td>50 μL</td><td>50 μL</td><td>50 μL</td><td>50 μL</td><td>50 μL</td><td colspan="3" rowspan="6">第 1～6 行为样品孔。共计 6 个样品，每个样品倍比稀释 9 个孔</td></tr>
<tr><td>2</td><td>50 μL</td><td>50 μL</td><td>50 μL</td><td>50 μL</td><td>50 μL</td><td>50 μL</td><td>50 μL</td><td>50 μL</td><td>50 μL</td></tr>
<tr><td>3</td><td>50 μL</td><td>50 μL</td><td>50 μL</td><td>50 μL</td><td>50 μL</td><td>50 μL</td><td>50 μL</td><td>50 μL</td><td>50 μL</td></tr>
<tr><td>4</td><td>50 μL</td><td>50 μL</td><td>50 μL</td><td>50 μL</td><td>50 μL</td><td>50 μL</td><td>50 μL</td><td>50 μL</td><td>50 μL</td></tr>
<tr><td>5</td><td>50 μL</td><td>50 μL</td><td>50 μL</td><td>50 μL</td><td>50 μL</td><td>50 μL</td><td>50 μL</td><td>50 μL</td><td>50 μL</td></tr>
<tr><td>6</td><td>50 μL</td><td>50 μL</td><td>50 μL</td><td>50 μL</td><td>50 μL</td><td>50 μL</td><td>50 μL</td><td>50 μL</td><td>50 μL</td></tr>
<tr><td>7</td><td>50 μL</td><td>50 μL</td><td>50 μL</td><td>50 μL</td><td colspan="8">第 7 行前 4 孔为阴性对照，由第 1 孔倍比稀释至第 4 孔。5～9 孔为稀释液对照孔</td></tr>
<tr><td>8</td><td>50 μL</td><td>50 μL</td><td>50 μL</td><td>50 μL</td><td>50 μL</td><td>50 μL</td><td>50 μL</td><td>50 μL</td><td>50 μL</td><td>50 μL</td><td>50 μL</td><td>50 μL</td></tr>
<tr><td colspan="13">第 8 行为阳性对照，倍比稀释 12 个孔</td></tr>
</table>

图 4.5　正向间接血凝试验稀释液的添加

3)稀释阴性对照血清

在血凝板上的第 7 行第 1 孔加阴性血清 50 μL，倍比稀释至第 4 孔，混匀后从该孔取出 50 μL 丢弃。此时阴性血清对照孔稀释倍数依次为：1:2，1:4，1:8，1:16。

4)稀释阳性对照血清

在血凝板上的第 8 行第 1 孔加阳性血清 50 μL，倍比稀释至第 12 孔，混匀后从该孔取出 50 μL 丢弃。此时阳性血清对照孔稀释倍数依次为 1:2，1:4，1:8，1:16，1:32，1:64，1:128，1:256，1:512，1:1 024，1:2 048，1:4 096。

5)加血凝抗原

被检血清各孔、阴性对照血清各孔、阳性对照血清各孔、稀释液对照孔均各加血凝抗原 25 μL。

抗原加入前应混匀，能够被快速摇匀形成均匀混悬液的抗原质量较好。若抗原中出现不溶沉淀物，建议更换新抗原，以免影响试验结果。

6)振荡混匀

将血凝板置于微量振荡器上振荡数秒，然后将血凝板放在白纸上观察各孔红细胞是否混匀，不出现红细胞沉淀为合格。静置于室温下1.5～2 h 判定结果，也可延至翌日判定(图 4.6)。

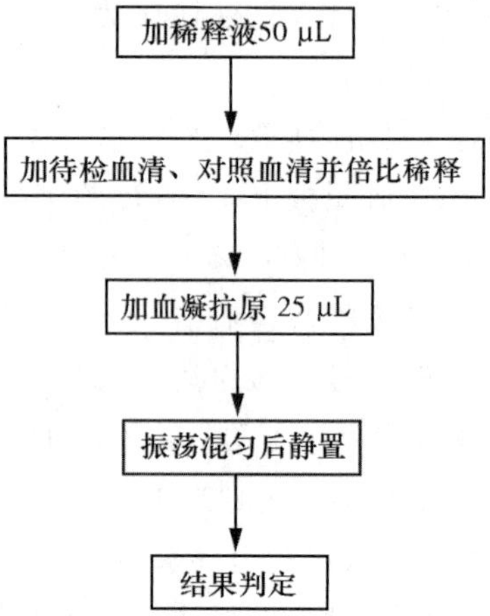

图 4.6　正向间接血凝试验简化流程图

5.结果判定

1)试验成立标准

先观察阴性对照血清1:16孔及稀释液对照孔，两孔应无凝集，或仅出现“+”凝集(图4.7)。阳性对照血清1:2～1:256各孔出现“++”至“++++”凝集为合格。

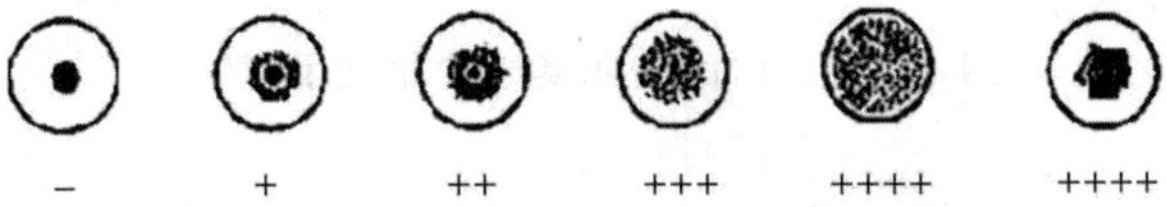

图4.7 血凝试验凝集强度示意图

2)结果判定

在对照孔合格的前提下，再观察待检血清各孔，以呈现“++”凝集的最大稀释倍数为该份血清的抗体效价。

6.注意事项

(1)试验前，必须仔细阅读试剂盒内的说明书。

(2)严重溶血或严重污染的血清样品不宜检测，以免发生非特异性反应。新分离的血清应尽快检测，检测完置于－20℃冻存。血清多次冻融会加速抗体衰减，检测前应将血清分装，避免反复冻融。

(3)为确保试验判断准确，不得使用90°和130°血凝板。

(4)每次试验做一份阴性、阳性和稀释液对照即可，不用每板均做对照。

(5)判定结果的时间不可随意缩短，否则会影响结果判定。放置时间不能少于1.5 h，冬天应适当再延长。

(三)反向间接血凝试验

1.适用范围

适用于抗原检测(反向间接血凝试验在O型口蹄疫病毒、猪水疱病病毒的检测方面应用较多)。

2.原理

将可溶性抗体先吸附于适当大小的颗粒载体表面，然后与相应抗原作用，在适宜电解质存在的条件下，出现特异性凝集现象，称反向间接凝集反应(图4.8)。

3.器材

110° 96孔V形血凝板，微量移液器与吸头，加样槽，不同病种对应的反向血凝诊断液，阴阳性对照，待检组织样品，样品稀释液。

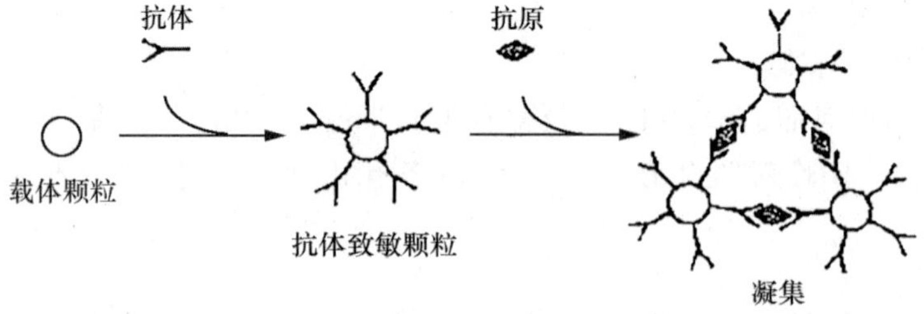

图 4.8　反向间接血凝试验原理示意图

4.试验方法

1)待检样品处理

向待检样品中加入 3 倍体积的 PBS(工作浓度 0.01 mol/L)后研磨,室温静置 1～2 h。静置后离心取上清液待用。没有 PBS 可用灭菌生理盐水替代。

2)加样品稀释液

在血凝板上 1～6 行的 1～9 孔,第 7 行的 1～4 孔,第 8 行的 1～12 孔各加稀释液 50 μL(图 4.9)。

	1	2	3	4	5	6	7	8	9	10	11	12
1	50 μL	50 μL	50 μL	50 μL	50 μL	50 μL	50 μL	50 μL	50 μL	第 1～6 行为样品孔。共计 6 个样品,每个样品倍比稀释 9 个孔		
2	50 μL	50 μL	50 μL	50 μL	50 μL	50 μL	50 μL	50 μL	50 μL			
3	50 μL	50 μL	50 μL	50 μL	50 μL	50 μL	50 μL	50 μL	50 μL			
4	50 μL	50 μL	50 μL	50 μL	50 μL	50 μL	50 μL	50 μL	50 μL			
5	50 μL	50 μL	50 μL	50 μL	50 μL	50 μL	50 μL	50 μL	50 μL			
6	50 μL	50 μL	50 μL	50 μL	50 μL	50 μL	50 μL	50 μL	50 μL			
7	50 μL	50 μL	50 μL	50 μL	第 7 行前 4 孔为阴性对照,由第 1 孔倍比稀释至第 4 孔。5～9 孔为稀释液对照孔							
8	50 μL	50 μL	50 μL	50 μL	50 μL	50 μL	50 μL	50 μL	50 μL	50 μL	50 μL	50 μL
第 8 行为阳性对照,倍比稀释 12 个孔												

图 4.9　反向间接血凝试验稀释液的添加

3)加入待检样品

取 1 号待检样品 50 μL 加入第 1 行第 1 孔,用枪头吹吸混匀(吹吸过程要慢,避免产生过多的气泡),取出 50 μL 移入第 2 孔,混匀后取出 50 μL 移入第 3 孔……直到第 9 孔混匀后取出 50 μL 丢弃。此时第 1 行 1～9 孔待检样品的稀释度(稀释倍数)依次为:1∶2,1∶4,1∶8,1∶16,1∶32,1∶64,1∶128,1∶256,1∶512。

取 2 号待检样品加入第 2 行，取 3 号待检样品加入第 3 行……均按上法稀释。注意：每次更换样品时必须更换枪头以防交叉污染。

4）稀释阴性对照

在血凝板上的第 7 行第 1 孔加阴性对照 50 μL，倍比稀释至第 4 孔，混匀后从该孔取出 50 μL 丢弃。此时阴性对照孔稀释倍数依次为：1∶2，1∶4，1∶8，1∶16。

5）稀释阳性对照

在血凝板上的第 8 行第 1 孔加入阳性对照 50 μL，倍比稀释至第 12 孔，混匀后从该孔取出 50 μL 丢弃。此时阳性对照孔稀释倍数依次为 1∶2，1∶4，1∶8，1∶16，1∶32，1∶64，1∶128，1∶256，1∶512，1∶1 024，1∶2 048，1∶4 096。

6）加红细胞诊断液

被检样品各孔、阴性对照各孔、阳性对照各孔、稀释液对照孔均各加红细胞诊断液 25 μL。

7）振荡混匀

将血凝板置于微量振荡器上振荡数秒，然后将血凝板放在白纸上观察各孔红细胞是否混匀，不出现红细胞沉淀为合格，随后静置于室温下 1.5～2 h 判定结果（图 4.10）。

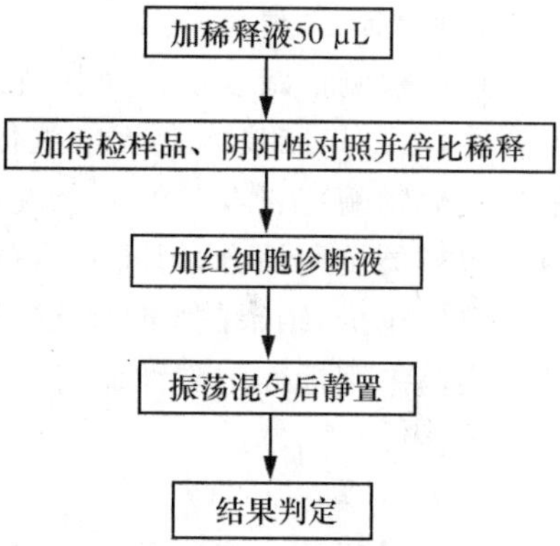

图 4.10　反向间接血凝试验简化流程图

5. 结果判定

1）试验成立标准

首先观察阴性对照 1∶16 孔及稀释液对照孔，两孔应无凝集，或仅出现“＋”凝集。阳性对照 1∶2～1∶256 各孔出现“＋＋”至“＋＋＋＋”凝集为合格。

2）凝集反应强度标准

＋＋＋＋100％凝集：红细胞均匀地分布于孔底周围。

＋＋＋75％凝集：红细胞均匀地分布于孔底周围，但孔底中心有红细胞形成的针尖大的小点。

＋＋50％凝集：孔底周围有不均匀的红细胞分布，孔底有一红细胞沉下的小点。

＋25％凝集：孔底周围有不均匀的红细胞分布，但大部分红细胞已沉积于孔底。

－不凝集：红细胞完全沉积于孔底成一圆点。

3)结果判定

在对照孔合格的前提下,再观察待检样品各孔,以呈现"++"凝集的最大稀释倍数为该份样品的效价。

6.注意事项

(1)仔细阅读说明书后方可进行试验。

(2)为确保试验判断准确,不得使用 90°和 130°血凝板。

(3)开展大批量检测时,同一时段检测的样品做一份阴性、阳性和稀释液对照即可。

(四)液相阻断 ELISA

以中国农业科学院兰州兽医研究所生产的口蹄疫病毒 A 型抗体液相阻断 ELISA 检测试剂盒为例(O 型、亚洲 Ⅰ 型、A 型口蹄疫液相阻断 ELISA 检测试剂盒操作步骤基本一致)。

1.用途及原理

用以检测口蹄疫抗体。将抗原包被在酶标板上,加入待检血清与病毒反应的混合物,后加口蹄疫病毒豚鼠抗体工作液、再加入兔抗豚鼠 IgG-HRP(HRP 即辣根过氧化物酶)工作液、加显色液,加终止液。待检血清中含有的抗体可以与酶标板上包被的抗原结合,阻断酶标抗体与酶标板上包被的抗原反应。待检血清中含有的抗体越少,结果的 OD 值越高;待检血清中含有的抗体越多,结果的 OD 值越低。实验中用标准阴阳性血清阻断率来判断实验精确度,得到的结果有较好的线性关系。

2.器材准备

多种量程的移液器及枪头,加样槽。

抗原抗体反应板:平底反应板、U 形稀释板,用于被检血清的稀释和抗原抗体反应。

超纯水、无离子水或蒸馏水。

3.试剂准备

配制洗涤液 PBST:将本试剂盒配备的 25 倍浓缩 PBST 液,用无离子水或蒸馏水做 1∶25 稀释(1 份浓缩液加 24 份水)后,配制成 1 倍工作浓度 PBST(1×PBST),待用。若 25 倍浓缩 PBST 液内有结晶,用时微热溶化。

4.操作步骤

1)确定布板方式

若需要检测抗体效价值,需选择图 4.11 中 10 份样品(S1～S10)布局图。若只需要检测是否有抗体,可选择图 4.12 中 20 份样品(S1～S20)布局图。

	1	2	3	4	5	6	7	8	9	10	11	12
A	S1 1∶8	S2	S3	S4	S5	S6	S7	S8	S9	S10	+1∶32	−1∶4
B	1∶16										1∶64	1∶8
C	1∶32										1∶128	
D	1∶64										1∶256	
E	1∶128										1∶512	病毒抗原对照
F	1∶256										1∶1 024	
G	1∶512										1∶2 048	
H	1∶1 024										1∶4 096	

图 4.11　96 孔酶标板检测 10 份样品布局图

	1	2	3	4	5	6	7	8	9	10	11	12
A	S1 1∶16	S2	S3	S4	S5	S6	S7	S8	S9	S10	+1∶32	−1∶4
B	1∶32										1∶64	1∶8
C	1∶64										1∶128	
D	1∶128										1∶256	
E	S11 1∶16	S12	S13	S14	S15	S16	S17	S18	S19	S20	1∶512	病毒抗原对照
F	1∶32										1∶1 024	
G	1∶64										1∶2 048	
H	1∶128										1∶4 096	

图 4.12　96 孔酶标板检测 20 份样品布局图

2)加 PBS

10 份样品布局:第一行(A 行)1～10 列孔每孔加 75 μL PBS,B～H 行的 1～10 孔、A11～H11 孔、A12 孔、B12 孔每孔加 50 μL PBS。

20 份样品布局:第一行(A 行)和第五行(E 行)1～10 列孔每孔加 87.5 μL PBS,B、C、D、F、G、H 行的 1～10 孔、A11～H11 孔、A12 孔、B12 孔每孔加 50 μL PBS。

3)稀释血清

(1)10 份样品布局

加入待检血清:第一行(A 行)1～10 列孔每孔加 25 μL 待检血清,A11 孔加 50 μL 阳性对照,A12 孔加 50 μL 阴性对照。

稀释待检血清:待检血清(A1～A10 孔)在第 1～10 列从 1∶4稀释至 1∶512;在第 11 列稀释阳性对照血清,从 1∶2稀释至 1∶256;A12～B12 孔稀释阴性对照血清,从 1∶2稀释至 1∶4,E12～H12 孔为病毒抗原对照孔。

(2)20 份样品布局

加入待检血清:第一行(A 行)和第五行(E 行)1～10 列孔每孔加 12.5 μL 待检血清,A11 孔加 50 μL 阳性对照,A12 孔加 50 μL 阴性对照。

稀释待检血清:待检血清在第一行(A 行)和第五行(E 行)1～10 列孔从 1∶8稀释至 1∶64;在第 11 列稀释阳性对照血清,从 1∶2稀释至 1∶256;A12～B12 孔稀释阴性对照血清,从 1∶2稀释至 1∶4,E12～H12 孔为病毒抗原对照孔。

4)加病毒抗原

将病毒抗原用 PBST 稀释至工作浓度(工作浓度详见说明书或试剂盒外包装,病毒抗原与试剂盒批号一致方可使用),按 50 μL/孔量加入待检血清、阴阳性对照血清的每一稀释孔内,4 孔病毒抗原对照孔仅加入 100 μL/孔稀释至工作浓度的病毒抗原。振荡混匀,4℃静置过夜或 37℃温育 90 min。

由于阳性对照血清已预先做了 8 倍稀释,故加入病毒抗原后阳性血清稀释倍数变为 1∶32～1∶4 096。阴性对照血清的最终稀释度为 1∶4～1∶8。10 份样品血清最终稀释度为 1∶8～1∶1 024。20 份样品血清最终稀释度为 1∶16～1∶128。

5)转板

将抗原抗体混合液从 U 形反应板上按次序转移至包被板上,50 μL/孔,封板后 37℃温育 60 min。

6)加口蹄疫病毒豚鼠抗体工作液

用洗涤液 (1×PBST) 洗板 3～5 次后,甩干,确保孔内无液体后,按50 μL/孔加入口蹄疫病毒豚鼠抗体工作液(红色),振荡混匀后封板,37℃温育 30 min。

7)加兔抗豚鼠 IgG-HRP 工作液

用洗涤液 (1×PBST) 洗板 3～5 次后,甩干,确保孔内无液体后,按 50 μL/孔加兔抗豚鼠 IgG-HRP 工作液(蓝色),振荡混匀后封板,37℃温育 30 min。

8)加四甲基联苯胺(TMB)

用洗涤液 (1×PBST) 洗板 3～5 次后,甩干,确保孔内无液体后,将 TMB 底物 A 溶液和 B 溶液以 1∶1比例混匀,每孔加入混匀后的底物溶液 50 μL,置 37℃显色 5～10 min。

9)终止

显色反应结束后,每孔加 50 μL 终止液,终止反应,在酶标仪上读取 $OD_{450\ nm}$值。

5. 结果判定

1)试验成立标准

4 孔病毒抗原对照的 $OD_{450\ nm}$值应在 1.0 以上。阳性对照血清抗体效价应在 1∶1 024 以内,阴性对照血清抗体效价应小于 1∶8。

2)临界值的计算

将 4 孔病毒抗原对照的 $OD_{450\ nm}$值,弃去一个最高的和一个最低的,将剩余两孔的平均 $OD_{450\ nm}$值再除以 2,即 50%对照值,也即临界值,表示阻断 50%反应的对照 $OD_{450\ nm}$值。

3)结果判定

被检血清 $OD_{450\ nm}$值大于临界值的孔为阴性孔,小于或等于临界值的孔为阳性孔。若临界值与稀释倍数最高阳性孔的 $OD_{450\ nm}$值相同,则以被检血清阳性孔的最高稀释倍数作为该份血清的抗体效价;若临界值处于两个稀释孔 $OD_{450\ nm}$值之间,如处于 1∶32 与 1∶64 之间,则抗体效价取中间值为 1∶45;处于 1∶64 与 1∶128 之间,则抗体效价取中间值为 1∶90。

抗体效价大于或等于 1∶128,判定为口蹄疫抗体阳性;1∶64～1∶128,判为可疑;小于 1∶64,判为阴性。可疑血清样品可以重测,重测抗体效价大于或等于 1∶128,判定为阳性,小于 1∶128,判定为口蹄疫抗体阴性。

4)ELISA 抗体效价与免疫动物攻毒保护的关系

牛、羊:抗体效价≥1∶128,99%以上保护;效价≤1∶16,不保护;效价在 1∶22～1∶90 之间,50%保护。

6. 注意事项

(1)实验前必须仔细阅读说明书,试剂盒要恢复至室温后使用。

(2)包被 ELISA 板打开真空包装后应尽快使用。

(3)TMB 底物 A 和 B 溶液为无色透明液体,应避光保存,使用时严格按照 1∶1 的比例现用现配。若发现底物溶液变色应及时更换。

(4)稀释板要采用 U 形板,可重复使用。实验结束后,弃去板中反应液,先用清水浸泡 10 min,再在水龙头下冲洗,甩净自来水后放入纯水桶浸泡 10 min。浸泡结束后用手甩干板子,倒置于温箱中烘干。

(5)根据底物显色情况,可以适当调整显色时间,但反应时间过长可能导致酶标仪无法读数的情况。

(6)病毒抗原要置于－20℃以下保存。

（五）间接 ELISA

以洛阳莱普生信息科技有限公司生产的猪繁殖与呼吸综合征病毒抗体检测试剂盒为例。

1.用途及原理

用以检测猪繁殖与呼吸综合征病毒（PRRSV）抗体。将猪繁殖与呼吸综合征病毒蛋白抗原包被在 ELISA 反应板上，若待检样品中含有特异性抗体，则抗原、抗体反应形成抗原抗体复合物被吸附在固相载体上。再加入 HRP 标记的抗猪抗体后，形成"固相猪繁殖与呼吸综合征病毒蛋白抗原-猪繁殖与呼吸综合征病毒抗体-抗猪抗体-HRP"免疫复合物。洗涤后，如待测样品中含有猪繁殖与呼吸综合征病毒抗体，加入显色剂（其中含酶的底物）后会显色。根据颜色深浅可进行定性或定量分析，样本中待测抗体的量越多，显色后颜色越深（图 4.13）。

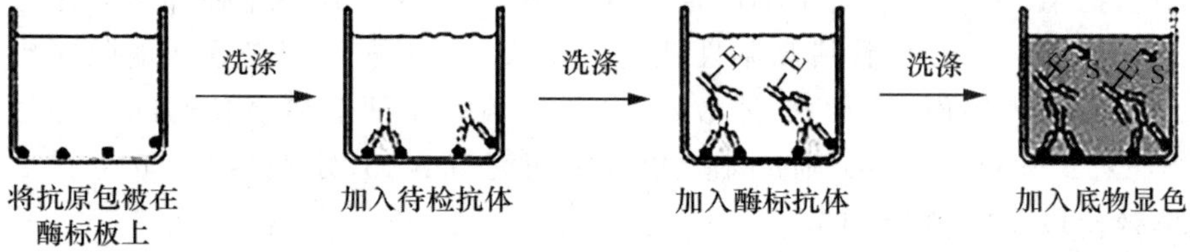

图 4.13　间接 ELISA 反应原理示意图

（E：酶；S：底物）

2.器材准备

多种量程的移液器及枪头，加样槽。

抗原抗体反应板、血清稀释板。

超纯水、无离子水或蒸馏水。

3.试剂准备

配制洗涤液 PBST：将浓缩洗涤液按稀释倍数加纯水稀释至 1 倍工作浓度 PBST，充分摇匀后备用。若浓缩洗涤液内有结晶，配制之前微热溶化，确保无结晶后再进行稀释。

样品准备：用 PRRSV 样品稀释液 40 倍稀释待检样品（例如：4 μL 样品用 156 μL PRRSV 样品稀释液），阴阳性对照不用稀释。稀释要用专门的稀释板，切不可用试剂盒中配备的包被板。

4.操作步骤

1）加稀释样品

每板设置阴性对照孔 2 孔，阳性对照孔 2 孔，其余为待检样品孔，可根据待检样品数量拆下多余的反应条，密封留存，以便下次使用。阴性对照孔、阳性对照孔每孔加 100 μL。每个待检样品孔加 100 μL 稀释好的样品。每更换一份样品要更换一次枪头。封板，37℃温育 30 min。

2)加酶标记结合物

用洗涤液（1×PBST）洗板 3～5 次后，甩干，确保孔内无液体后，各孔加入酶标记结合物 100 μL。贴上封板膜，37℃温育 30 min。

3)加显色液

每孔加入显色剂 A 50 μL，全部加完后再在每孔中加入显色剂 B 50 μL，振荡混匀后封板。37℃显色 10 min。显色时间可适当调整，若刚加完显色液即有部分孔开始出现颜色，将显色时间缩短至 5 min 左右即可。

4)终止

显色完毕后每孔加 50 μL 终止液，振荡混匀。

5)测定

终止后在 10 min 内用酶标仪在 630 nm 波长处测定吸光值。

5.结果判定

1)试验成立的条件

$$\text{阴性对照平均值(NCX)}=\frac{NC1+NC2}{2}$$

式中：NC1、NC2 为两个阴性对照的 $OD_{630\ nm}$ 值。

$$\text{阳性对照平均值(PCX)}=\frac{PC1+PC2}{2}$$

式中：PC1、PC2 为两个阳性对照的 $OD_{630\ nm}$ 值。

试验成立判断标准：PCX－NCX≥0.2；NCX≤0.3。

若试验不成立应重做。

2)结果判定

$$\text{样品的 S/N}=\frac{\text{样品}-NCX}{PCX-NCX}$$

若 S/N 值＜0.4，样品判定为抗体阴性；若 S/N 值≥0.4，样品判定为抗体阳性。

6.注意事项

(1)试剂盒要严格按照要求温度保存，温度过高或过低均会导致试剂盒失效。

(2)若试剂过期不得使用，不同批号的试剂盒中的组分不得混用，封板膜不得重复使用。

（六）竞争 ELISA

以洛阳莱普生信息科技有限公司生产的猪瘟病毒抗体检测试剂盒（酶联免疫法）为例。

1.竞争 ELISA 的用途和原理

竞争法可用于测定抗原，也可用于测定抗体。以测定抗原为例，受检抗原和酶标抗原竞争与固相抗体结合，因此结合于固相的酶标抗原量与受检抗原的量成反比（图 4.14）。

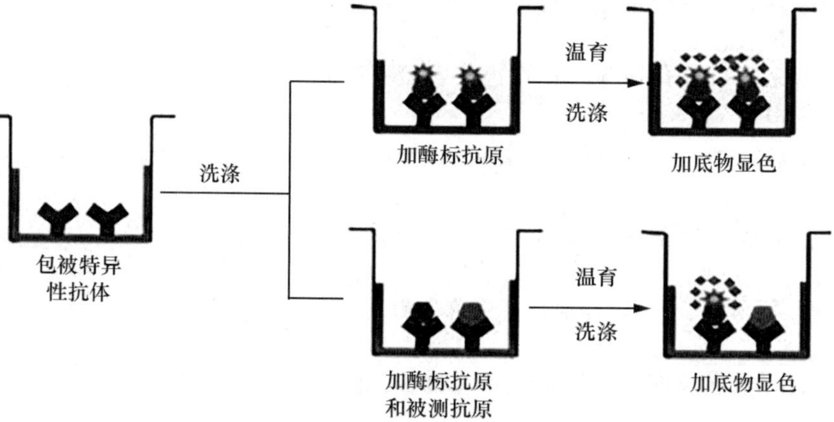

图 4.14　竞争 ELISA 反应原理示意图

猪瘟病毒抗体检测试剂盒用于检测特异性抗体。其原理是：将猪瘟病毒蛋白包被在 ELISA 反应板上。若待测样品含有特异性抗体，则特异性抗体会和酶标抗体相竞争，特异性抗体结合的猪瘟病毒蛋白越多，酶标抗体结合的猪瘟病毒蛋白就越少。病毒蛋白是被固定在包被板上的，病毒蛋白结合的酶标抗体越多，颜色就越深；待检血清中的特异性抗体越多，病毒蛋白结合的酶标抗体就越少，颜色就越浅。

2.器材准备

多种量程的移液器及枪头，加样槽。

抗原抗体反应板。

超纯水、无离子水或蒸馏水。

3.试剂准备

配制洗涤液 PBST：将浓缩洗涤液按稀释倍数加纯水稀释至 1 倍工作浓度

PBST,充分摇匀后备用。若浓缩洗涤液内有结晶,配制之前微热溶化,确保无结晶后再进行稀释。

4.实验步骤

1)加入待检样品及酶标记结合物

每板设置阴性对照孔2孔,阳性对照孔2孔,其余为待检样品孔。样品孔每孔加25 μL样品,阴阳性对照孔每孔加25 μL,再向以上各孔中加50 μL酶标记结合物,振荡混匀后贴上封板膜,37℃温育30 min。

2)洗板

用洗涤液(1×PBST)洗板3~5次后,甩干,确保孔内无液体。

3)显色

每孔加入50 μL显色液A后,再向每孔加入50 μL显色液B,振荡混匀后贴上封板膜,37℃温育30 min。

4)终止

显色完毕后每孔加50 μL终止液,振荡混匀。

5)测定

终止后在10 min内用酶标仪在450 nm波长处测定吸光值(图4.15)。

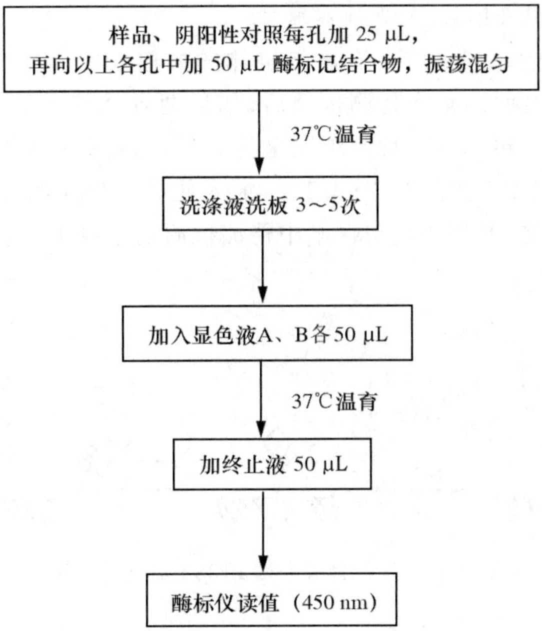

图4.15 竞争ELISA反应简易流程图

5.结果判定

1)试验成立的条件

$$阴性对照平均值(NCX)=\frac{NC1+NC2}{2}$$

式中:NC1、NC2 为两个阴性对照的 $OD_{450\ nm}$ 值。

$$阳性对照平均值(PCX)=\frac{PC1+PC2}{2}$$

式中:PC1、PC2 为两个阳性对照的 $OD_{450\ nm}$ 值。

试验成立判断标准:PCX<0.2;NCX>0.5。

2)结果判定

$$样品\ S/N=\frac{NCX-样品}{NCX-PCX}$$

若 S/N 值<0.4,样品判定为抗体阴性;若 S/N 值≥0.4,样品判定为抗体阳性。

(七)双抗体夹心法 ELISA

1.双抗体夹心法 ELISA 的用途和原理

双抗体夹心法的原理是将含有已知抗体的抗血清吸附在包被板底壁的小孔中,仍保持其免疫学活性,加入待测抗原后,如果两者是特异的,则会发生结合,形成抗原抗体复合物。再加入与待测抗原呈特异反应的酶标抗体(R),形成抗体-抗原-酶标抗体的"夹心式"复合物(图 4.16),加入能与酶反应的底物显色后,底物被酶催化成为有色产物,产物的量与样本中待测抗原的量成正比,根据颜色深浅进行定性或定量分析。

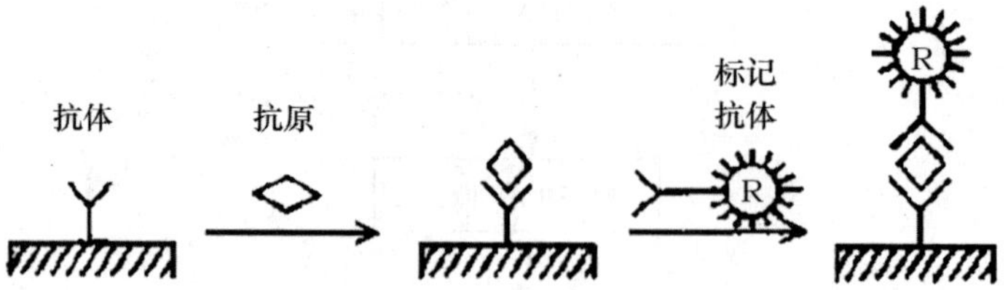

图 4.16 双抗体夹心法 ELISA 原理示意图

2.试剂与耗材

包被缓冲液(pH 9.6 0.05 mol/L 碳酸盐缓冲液)。

洗涤缓冲液（pH 7.4 0.15 mol/L PBS）。

稀释液。

底物缓冲液（pH 5.0）。

四甲基联苯胺（TMB）使用液。

终止液（2 mol/L H_2SO_4）。

抗原、抗体和酶标抗体：按说明书处理。

酶标板。

标准品：用稀释液稀释成梯度浓度溶液。

3. 双抗体夹心法 ELISA 的操作步骤（不同病种、不同试剂生产厂家略有差异）

1）包被

用包被缓冲液将抗体稀释至说明书要求浓度。在酶标板反应孔中加 100 μL，4℃过夜。次日，弃去孔内溶液，用洗涤缓冲液洗板 3～5 次，拍干。

2）加样

加已稀释好的待检样品（同时设空白对照、阴性对照及阳性对照各两孔）100 μL 于上述已包被的反应孔中，置于温箱中 37℃反应 1 h。

3）洗板

用洗涤缓冲液洗板 3～5 次，拍干。

4）加酶标抗体

每孔加酶标抗体 100 μL，置于温箱中 37℃反应 1 h。

5）洗板

用洗涤缓冲液洗板 3～5 次，拍干。

6）加底物液显色

于各反应孔中加入现配的 TMB 底物溶液 100 μL，置于温箱中 37℃反应 10 min。

7）终止反应

于各反应孔中加入终止液 50 μL。

8）测定

于 450 nm 读数，记录结果。

9）结果计算

按说明书要求计算结果，判定阴阳性。

附 4.4 ELISA 操作注意事项

1. 加样

加不同样品需要更换枪头，避免发生交叉污染。

加样时速度不可太快、力度不可过大，不能将样品沾在孔壁上，并注意不要溅出或产生气泡。

若样品需要稀释，一般要先在稀释板上将样品稀释好(并大于反应所需量)，再转移到反应板上。

加样时为了防止操作时差对结果的影响，使用血清稀释板先把血清稀释好，再转移到检测板中，稀释后的血清要吹吸混匀。

在加酶结合物和显色液时可用定量多道加液器，使加液过程迅速完成。

必须定期对加液器进行维护和校准。

2. 温育

在 ELISA 检测中一般有两次抗原抗体反应，即加标本和加酶结合物后。抗原抗体反应的完成需要有一定的温度和时间，这一保温过程称为温育。

温育常采用的温度有 43℃、37℃、室温等。37℃是实验室中常用的温育温度，为避免蒸发，板上应加盖或用封板膜封板。有特殊要求不封膜的按说明书操作。

温育过程中，反应板不宜叠放，以保证各板的温度都能迅速平衡。若要求室温温育，则一般是指 20～25℃。

(八)布鲁氏菌病琥红平板凝集试验

1. 试验原理

琥红平板凝集试验(RBPT)是牛、羊、猪布鲁氏菌病检测的指定试验，在我国也用于人布鲁氏菌病监测的初筛。其原理主要是根据相应抗原抗体可以在体外发生特异性结合并呈现可见反应，用已知抗原(或抗体)检测体液中未知的抗体(或抗原)。

检测布鲁氏菌病所用的琥红平板凝集抗原是用抗原性良好的布鲁氏菌菌株经培养、灭活、离心收集菌体、用琥红染料染色后，悬浮于乳酸缓冲液中制备而成，能抑制被检血清中 IgM 类抗体的凝集活性，检测的抗体是 IgG 类。

2. 材料准备

待检血清。待检血清应保证新鲜，无明显蛋白凝块，无溶血，无腐败气味。

琥红平板凝集抗原、标准阳性血清、标准阴性血清，按说明书使用。

能使用 30 μL 量程的移液器及配套枪头。

牙签、混合棒或火柴杆，供搅拌用。

洁净的玻片或玻璃板或琥红平板凝集反应卡。

3.操作方法

实验前，应将血清和抗原恢复室温。

用笔在玻璃板上画出 2 cm×2 cm 的方格，在各格内标记被检血清编号，然后加相应被检血清 30 μL。若使用琥红平板凝集反应卡，要记录血清加样顺序。

在被检血清旁滴加琥红平板凝集抗原 30 μL。

用牙签类小棒(或直接用枪头，但每换一份样品要更换一次枪头)搅动血清和抗原，使之充分混合，在 4 min 内观察结果。

每次试验应设阴性血清、阳性血清对照。

4.结果判定

在阴阳性血清对照成立的条件下，方可对被检血清进行判定。

受检血清在 4 min 内出现肉眼可见凝集现象者判为阳性(+)，无凝集现象，呈均匀粉红色者判为阴性(-)(图 4.17，参见封三彩图 4.17)。

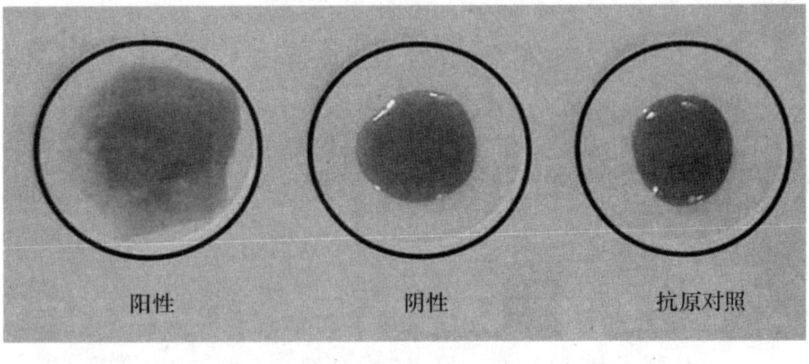

图 4.17　布鲁氏菌病琥红平板凝集试验阴阳性结果示意图

(九)布鲁氏菌病试管凝集试验

1.实验前准备

1)玻璃试管的准备

将试管浸泡于带有洗涤剂的温水中 30 min，浸泡后用试管刷将其刷干净。先用自来水冲洗 10 遍，再用去离子水冲洗 1 遍。试管冲洗干净后倒置于篮子中，水沥干后置干燥箱中，160℃干燥 3 h(整个干燥过程需要 5～6 h)。

准备相应数量的试管架。

2)试剂的准备

稀释液(0.5%的石炭酸生理盐水):称取 0.5 g 石炭酸,加入100 mL 的生理盐水中,配制后置高压锅中 121℃高压 30 min。

标准抗原:

按说明书使用。使用时充分摇匀,用稀释液作 1∶20(工作浓度)稀释。

标准阳性血清:使用前将标准阳性血清冻干品用蒸馏水溶解至规定容积。

标准阴性血清:使用前将标准阴性血清冻干品用蒸馏水溶解至规定容积。

被检血清:按常规方法采血分离血清。要求血清新鲜,无明显蛋白絮凝物、无溶血、无腐败。在运送和保存过程中要防止血清样品冻结和受热,以免影响凝集价。

2.操作过程

1)确定被检血清的稀释度

牛、马、骆驼:用 1∶50,1∶100,1∶200,1∶400(4 个稀释度)。大规模检疫时也可用 2 个稀释度——1∶50,1∶100。为测定强阳性血清效价,稀释度可以增加。

猪、山羊、绵羊和狗:用 1∶25,1∶50,1∶100,1∶200(4 个稀释度)。大规模检疫时也可用 2 个稀释度——1∶25,1∶50。为测定强阳性血清效价,稀释度可以增加。

2)稀释被检血清

猪、山羊、绵羊和狗血清的稀释:每份被检血清用 4 支试管,标记检验编号后第 1 管加 1.15 mL 稀释液,第 2~4 管各加入 0.5 mL 稀释液。

取被检血清 0.1 mL,加入第 1 管,充分混匀后吸弃 0.25 mL。从第 1 管中吸取 0.5 mL 加入第 2 管,混合均匀后,再从第 2 管吸取 0.5 mL 至第 3 管,如此倍比稀释至第 4 管,从第 4 管弃去 0.5 mL,稀释完毕。第 1~4 管的血清稀释度分别为 1∶12.5,1∶25,1∶50,1∶100。

牛、马、骆驼血清的稀释:与猪、山羊、绵羊和狗血清的稀释方法基本一致,差异为第 1 管加 1.2 mL 稀释液和 0.05 mL 被检血清。

3)加抗原

向已稀释好的各血清管中加入 0.5 mL 20 倍稀释的抗原,轻轻振摇混匀,切不可将液体震出管外。猪、山羊、绵羊、狗的血清稀释倍数依次变为 1∶25,1∶50,1∶100,1∶200,牛、马、骆驼的血清稀释度则依次变为 1∶50,1∶100,1∶200,1∶400。各反应管反应总量为 1 mL。

4)设立对照

每次试验都应设阴阳性血清对照、抗原对照。

阴性血清对照:阴性血清的稀释和加抗原的方法与被检血清相同。

阳性血清对照：阳性血清的最高稀释度应超过其效价滴度，加抗原的方法与被检血清相同。

抗原对照：取1∶20稀释的抗原液0.5 mL，再加0.5 mL稀释液，若抗原出现自凝现象需要更换抗原。

5）配制比浊管

每次试验均须配制比浊管，作为判定凝集反应程度的依据，先将抗原（1∶20）用等量稀释液作一倍稀释（稀释至工作浓度1∶40），然后按表4.1配制比浊管。

表4.1　比浊管的配制

项目	1	2	3	4	5
抗原稀释液1∶40	1.00	0.75	0.50	0.25	0
0.5%石炭酸生理盐水	0	0.25	0.50	0.75	1.00
清亮度（%）	0	25	50	75	100
凝集度标记	—	+	++	+++	++++

注：++++完全凝集，菌体100%下沉，上层液体100%清亮；+++几乎完全凝集，上层液体75%清亮；++凝集很显著，液体50%清亮；+有沉淀，液体25%清亮；—无沉淀，液体不清亮。

6）感作

所有试验管充分振荡后，置37℃温箱感作24 h。

3.结果判定

1）试验成立条件

当阴性血清对照和抗原对照不出现凝集（—），阳性血清的凝集价达到其标准效价±1个滴度，则证明试验成立，否则重做。

2）凝集反应程度

参照比浊管，按各试管上层液体清亮程度判读。

++++100%凝集：菌体完全凝集，上层液100%清亮；

+++75%凝集：菌体几乎完全凝集，上层液75%清亮；

++50%凝集：菌体显著凝集，上层液50%清亮；

+25%凝集：试管底部有沉淀，上层液25%清亮；

—不凝集：液体浑浊。

3）结果判定

阳性：牛、马和骆驼于1∶100血清稀释度，猪、山羊、绵羊和狗于1∶50血清稀释度出现++以上的凝集现象时，被检血清判定为阳性反应。

可疑：牛、马和骆驼于1∶50血清稀释度，猪、山羊、绵羊和狗于1∶25血清稀释度出现++以上的凝集现象时，被检血清判定为可疑反应。可疑畜一个月后重检，仍为可疑者判为阳性。

4.试验后的处理

1)试管的处理

若使用一次性试管，则连内容物一起高压处理(121℃高压 30 min)后，再按废弃物处理操作规程进行处理。

玻璃试管必须高压处理(121℃高压 30 min)后刷洗，烘干(160℃干燥 3 h)，保存备用。

2)配制好而未用完的抗原及盛装瓶子的处理

瓶子连同抗原一起高压灭菌(121℃高压 30 min)后洗净备用。

3)试管架的处理

把试管架上带有样品标记的符号用无水乙醇彻底清除掉，然后用自来水把试管架冲洗干净，晾干、保存备用。

(十)结核分枝杆菌 PPD 皮内变态反应试验

1.牛的牛型结核分枝杆菌 PPD 皮内变态反应试验

1)用途

用于检查活畜的结核病患病情况，出生后 20 天的牛即可进行本试验。

2)操作方法

注射部位及术前处理：在牛颈侧中部上三分之一处剪毛(或提前一天剃毛)，直径约 10 cm。三个月以内的犊牛，也可在肩胛部进行。用卡尺测量术部中央皮皱厚度，做好记录。注意：术部应无明显病变。

注射剂量：不论大小牛只，一律皮内注射 0.1 mL(含 2 000 IU)。即将牛型结核分枝杆菌 PPD 稀释成每毫升含 2 万 IU 后，皮内注射 0.1 mL。人工冻干 PPD 稀释后当天用完。

注射方法：先以 75%酒精消毒术部，然后皮内注射定量的牛型结核分枝杆菌 PPD，注射后局部应出现小疱，如对注射有疑问，应另选 15 cm 以外的部位或对侧重做。

注射次数和观察反应：皮内注射后经 72 h 判定，仔细观察局部有无热痛、肿胀等炎性反应，并以卡尺测量皮皱厚度，做好详细记录。对判定为疑似反应的牛只应立即在另一侧以同一批 PPD 同一剂量进行第二回皮内注射，再经 72 h 观察反应结果。对阴性牛和疑似反应牛，于注射后 96 h 和 120 h 再分别观察一次，以防因个别牛出现较晚的迟发型变态反应而误判。

3)结果判定

阳性反应：局部有明显的炎性反应，皮厚差大于或等于 4.0 mm。

疑似反应:局部炎性反应不明显,皮厚差大于或等于 2.0 mm、小于 4.0 mm。

阴性反应:无炎性反应。皮厚差在 2.0 mm 以下。

注意事项:凡判定为疑似反应的牛只,于第一次检疫 60 天后进行复检,其结果仍为疑似反应时,经 60 天再复检,如仍为疑似反应,应判为阳性。

其他动物牛型结核分枝杆菌 PPD 皮内变态反应试验参照牛的牛型结核分枝杆菌 PPD 皮内变态反应试验进行。

2.禽型结核分枝杆菌 PPD 皮内变态反应试验

禽型结核分枝杆菌 PPD 皮内变态反应试验最广泛使用于家禽。牛及其他哺乳动物也可用。

牛型结核分枝杆菌 PPD 和禽型结核分枝杆菌 PPD 皮内变态反应试验同时在不同的部位进行,可以区分特异性和非特异性变态反应。

1)禽的禽型结核分枝杆菌 PPD 皮内变态反应试验

操作方法:用 10 mm×0.5 mm 针头肉垂皮内注射 0.1 mL(0.25 万 IU) 禽型结核分枝杆菌 PPD,48 h 后观察结果。

结果判定:阳性反应为接种部位肿胀,从 5.0 mm 直径的小硬结到扩展至其他肉垂与颈部的广泛性水肿。火鸡肉垂的结核分枝杆菌 PPD 皮内变态反应试验,没有家禽的试验那样可靠。其他禽类也可用翼蹼做试验,但结果一般不理想。水禽可接种脚蹼,但试验不敏感并经常与接种部位的感染相混淆。

2)牛的禽型结核分枝杆菌 PPD 皮内变态反应试验

操作方法:与牛型结核分枝杆菌 PPD 皮内变态反应试验相同,只是禽型结核分枝杆菌 PPD 的剂量为每头 0.1 mL(0.25 万 IU)。即将禽型结核分枝杆菌 PPD 稀释成每毫升含 2.5 万 IU 后,皮内注射 0.1 mL。

结果判定:对牛型结核分枝杆菌 PPD 的反应为阳性(局部有明显的炎性反应,皮厚差大于或等于 4.0 mm),并且对牛型结核分枝杆菌 PPD 的反应大于对禽型结核分枝杆菌 PPD 的反应,二者皮厚差在 2.0 mm 以下,判为牛型结核分枝杆菌 PPD 皮内变态反应试验阳性。

对已定性为牛型结核分枝杆菌感染的牛群,其中即使少数牛的皮厚差在 2.0 mm 以下,甚至对牛型结核分枝杆菌 PPD 的反应略小于对禽型结核分枝杆菌 PPD 的反应(皮厚差小于或等于 2.0 mm),只要对牛型结核分枝杆菌 PPD 的反应在 2.0 mm 以上,也应判定为牛型结核分枝杆菌 PPD 皮内变态反应试验阳性。

对禽型结核分枝杆菌 PPD 的反应大于对牛型结核分枝杆菌 PPD 的反应,两者的皮厚差在 2.0 mm 以下,判为禽型结核分枝杆菌 PPD 皮内变态反应试验阳性。对已经定性为副结核分枝杆菌或禽型结核分枝杆菌感染的牛群,其中即使少数牛的皮厚差在 2.0 mm 以下，甚至对禽型结核分枝杆菌 PPD 的反应略小于对牛型结核分枝杆菌 PPD 的反应(不超过 2.0 mm)，只要对禽型结核分枝杆菌 PPD 的反应在 2.0 mm 以上，也应判定为禽型结核分枝杆菌 PPD 皮内变态反应试验阳性。

附 4.5　兽医实验室常见病监测方法及结果判定表

监测项目名称	推荐监测方法	结果判定标准	推荐试剂厂家
O 型口蹄疫抗体	正向间接血凝	$\geqslant 2^5$	中国农业科学院兰州兽医研究所
	液相阻断 ELISA	$\geqslant 2^6$	中国农业科学院兰州兽医研究所
A 型、亚洲Ⅰ型口蹄疫抗体	液相阻断 ELISA	$\geqslant 2^6$	中国农业科学院兰州兽医研究所
猪口蹄疫 VP1 结构蛋白抗体	间接 ELISA	按照说明书公式计算	洛阳莱普生信息科技有限公司
猪瘟病毒抗体	正向间接血凝	$\geqslant 2^5$	中国农业科学院兰州兽医研究所
	竞争 ELISA	按照说明书公式计算	洛阳莱普生信息科技有限公司
	阻断 ELISA	按照说明书公式计算	武汉科前生物股份有限公司
猪伪狂犬病 gE 抗体	竞争 ELISA	按照说明书公式计算	美国爱德士生物科技有限公司
猪伪狂犬病 gB 抗体	竞争 ELISA	按照说明书公式计算	美国爱德士生物科技有限公司
高致病性猪蓝耳病抗体	竞争 ELISA	按照说明书公式计算	武汉科前生物股份有限公司
H7N9	血凝抑制试验	$\geqslant 2^4$	青岛易邦生物工程有限公司

续表

监测项目名称	推荐监测方法	结果判定标准	推荐试剂厂家
高致病性禽流感	血凝抑制试验	$\geqslant 2^4$	青岛易邦生物工程有限公司
新城疫	血凝抑制试验	$\geqslant 2^4$	青岛易邦生物工程有限公司
布病	琥红平板凝集	按说明书描述判断	青岛易邦生物工程有限公司
	试管凝集试验	按说明书描述判断	青岛易邦生物工程有限公司
牛结核	牛型结核菌素PPD	按说明书描述判断	中国兽医药品监察所
小反刍兽疫	间接 ELISA	按说明书公式计算	深圳真瑞生物科技有限公司
狂犬病	间接 ELISA	按说明书公式计算	北京世纪元亨动物防疫技术有限公司

二、病原学试验

(一)普通 PCR 试验

1.检测目的

用以检测血清或组织中的病毒。

2.检测原理

DNA(脱氧核糖核酸)病毒:利用试剂盒中的核酸吸附柱提取出病料或血清中的核酸,将该核酸作为模板,在高温下,模板双链 DNA 变性后成为两条单链,然后在 DNA 聚合酶的作用下,经高温变性、低温退火和中温延伸的多次循环,使特异 DNA 片段的拷贝数放大数百万倍。将扩增的 DNA 片段进行电泳、染色后,在紫外灯下出现肉眼可见的 DNA 片段的扩增带。

RNA(核糖核酸)病毒:在反转录酶的作用下,一条 RNA 链被逆转录成为互补 DNA,再以此为模板通过 PCR 进行 DNA 扩增。

3.实验准备

以猪伪狂犬病毒的 PCR 检测试剂盒为例。

试剂盒组分:不同厂家的试剂盒组分可能略有不同,以试剂盒为准。

试验自备物品：离心机（提取 DNA 时使用）、低温高速离心机（提取 RNA 时使用）、普通 PCR 扩增仪、电泳仪、电泳槽、紫外凝胶成像系统、微波炉、组织研磨器、冰箱、移液器（0.5～10 μL、2～20 μL、20～200 μL）、1.5 mL 离心管（提取 RNA 时使用灭菌后的离心管）、眼科剪、眼科镊、一次性注射器、琼脂糖、各量程吸头（提取 RNA 时使用灭菌后的吸头）。

4.操作步骤

1）样品采集

病死或扑杀的猪，取肺、扁桃体和脑等组织；待检活猪，用注射器取血 5 mL，2～8℃保存。（要求送检病料新鲜，严禁反复冻融）

2）样品处理

组织样品的处理：称取组织 0.1 g 于研磨器中磨碎，再加 1 mL 生理盐水继续磨至无块状物；然后将样品转至 1.5 mL 灭菌离心管中，8 000 r/min 离心 2 min，取 100 μL 上清于 1.5 mL 灭菌离心管中。

全血样品的处理：待血凝后取 100 μL 血清于 1.5 mL 灭菌离心管中。

阳性对照的处理：取阳性对照 100 μL 于 1.5 mL 灭菌离心管中。

阴性对照的处理：取阴性对照 100 μL 于 1.5 mL 灭菌离心管中。

3）病毒 RNA 的提取

取已处理的样品、阴性对照和阳性对照，分别加入 450 μL 裂解液，充分颠倒混匀，室温静置 3 min。

加入 275 μL 无水乙醇，轻轻混匀。

将混合液吸入吸附柱中（吸取液体时尽量不要吸到悬浮杂质，以免离心时堵塞吸附柱），10 000 r/min 离心 1 min，弃去收集管中液体后，将吸附柱套回收集管。

向吸附柱中加入 500 μL 洗涤液 A，10 000 r/min 离心 1 min，弃去收集管中液体，套回收集管。

向吸附柱中加入 500 μL 洗涤液 B，10 000 r/min 离心 1 min，弃去收集管中液体，套回收集管。

空柱 10 000 r/min 离心 2 min。

将吸附柱移入新的无 RNA 酶的 1.5 mL 离心管中，在膜中央加入 30 μL 洗脱液，室温静置 2 min，10 000 r/min 离心 1 min，获得总 RNA。

4）RT-PCR

反应体系：分别取 14 μL RT-PCR 反应液 A（用前混匀）、4 μL RT-PCR 反应液 B（用前混匀）和 2 μL 模板 RNA，混匀。

反应程序：在 PCR 仪上运行以下程序：42℃ 45 min，94℃ 3 min；94℃ 30 s、53℃ 30 s、72℃ 30 s，35 个循环；72℃延伸 10 min。

5）电泳

制胶：按说明书要求，将 TAE 电泳缓冲液配制成工作浓度后，用 TAE 电泳缓冲液配制 1%琼脂糖凝胶。

电泳：待胶凝固后，取 5 μL PCR 扩增产物加 1.5 μL 上样缓冲液（10×缓冲液或 6×缓冲液均可）点样于琼脂糖凝胶孔中，以 80～110 V 的电压，100 mA 的电流于 TAE 电泳缓冲液（工作浓度）中电泳。

观察结果：紫外灯下观察结果。

5. 结果判定

阳性对照出现目的扩增带，阴性对照无带出现（引物二聚体带除外）时，试验结果成立。被检样品出现目的扩增带为阳性，否则为阴性。

6. 注意事项

不要使用超过有效期限的试剂，试剂盒之间组分不要混用。

所有试剂应在规定的温度储存，使用时拿到室温下，使用后立即放回。

注意防止试剂盒组分受污染。使用前将各管试剂瞬时离心 15 s，使液体全部沉于管底，放于冰盒中，吸取液体时移液器吸头尽量在液体表面层吸取。

严格按试剂盒说明书操作可以获得最好的结果。操作过程中移液、定时等全部过程必须精确。

RNA 提取过程中，应戴口罩、勤换手套，尽量缩短操作时间。

所有接触病料的物品均应合理处理，以免污染实验室。

（二）荧光定量 RT-PCR 试验

以 H5 亚型禽流感病毒荧光定量 RT-PCR 操作方法为例。

1. 适用范围

适用于活禽及其产品中 H5 亚型禽流感病毒的检测。

2. 缩略语解释

荧光定量 RT-PCR：荧光定量反转录-聚合酶链式反应。

Ct 值：每个反应管内的荧光信号达到设定的阈值时所经历的循环数。

RNA：核糖核酸。

Taq 酶：*Taq* DNA 聚合酶。

PBS：磷酸盐缓冲生理盐水。

DEPC:焦碳酸乙二酯。

3.试验原理

采用*Taq*Man(一种RNA探针,荧光基团连接在探针的5′端,猝灭剂在3′端)方法,针对H5亚型禽流感病毒血凝素基因保守区设计特异性引物和一条特异性的荧光双标记探针。该探针的结合部位位于目的扩增片段内部。其中5′端标记FAM荧光素(羧基荧光素)为报告荧光基团(用R表示),3′端标记TAMRA(羧基四甲基罗丹明)荧光素为猝灭荧光基团(用Q表示),它在近距离内能吸收5′端荧光基团发出的荧光信号。

反应进入退火阶段时,引物和探针同时与目的片段相结合,此时探针上R基团发出的荧光信号被Q基团所吸收,仪器检测不到荧光信号;当反应进行到延伸阶段时,*Taq*酶发挥5′→3′的外切核酸酶功能,将探针降解。这时探针上的R基团游离出来,所发出的荧光被检测仪所接收。随着PCR反应的循环往复,PCR产物呈指数形式增长,荧光信号也相应增长,实现了荧光信号的累积与PCR产物形成完全同步。

4.试剂和材料

1)试剂

－20℃预冷的异丙醇、氯仿。

75%乙醇:新开封的无水乙醇和DEPC水配制,－20℃预冷。

0.01 mol/L(pH 7.2)的PBS。(121±2)℃,15 min高压灭菌冷却后,在无菌条件下加入青霉素、链霉素各10 000 U/mL。

H5亚型禽流感病毒荧光RT-PCR检测试剂盒。

所涉及的试剂均为分析纯,所有试剂均用无RNA酶的容器分装。

2)仪器设备

高速台式冷冻离心机,荧光PCR检测仪,计算机,冷藏冰箱和冷冻冰箱,移液器及枪头,组织匀浆器,混匀器,可移动紫外灯,经灭菌的采样器械。

5.样品的采集与前处理

采样过程中样本不得交叉污染,采样及样品前处理过程中须戴一次性手套。

1)采样方法

活禽样品:取咽喉拭子时将棉拭子深入喉头及上腭裂来回刮3～5次,取咽喉分泌液;取泄殖腔拭子时将棉拭子深入泄殖腔转一圈沾取粪便。将咽喉拭子和泄殖腔拭子一一对应,一起放入盛有1.0 mL PBS的已灭菌离心管中,用剪刀将超出离心管部分的拭子棒剪掉,盖紧离心管盖子,编号备用。

内脏或肌肉样品：用已灭菌的镊子或剪刀取待检样品 2.0 g 于研钵中充分研磨后加入 10 mL PBS 混匀，或置于组织匀浆器中，加入 10 mL PBS 匀浆。将组织悬液转入无菌离心管中，置于高速台式冷冻离心机中以 3 000 r/min 离心 10 min，将上清液转入新的无菌离心管中，编号备用。

血清或血浆样品：用无菌注射器直接吸取至无菌离心管中，编号备用。

2)样品的存放与运送

采集或处理的样本在 2～8℃条件下保存应不超过 24 h；若需长期保存，须放置于－70℃冰箱，但应避免反复冻融（最多冻融 3 次）。冻融超过 3 次会极大地影响检测结果，出现假阴性。采集的样品密封后，采用保温壶或保温桶加冰密封，尽快运送到实验室。

6.操作方法

1)病毒 RNA 的提取

根据样本及阴阳性对照的数量之和，取对应数量的灭菌离心管，对每个管进行编号。

每管加入 600 μL 裂解液，分别加入待测样本、阴性对照、阳性对照各 200 μL，盖上盖子颠倒混匀；再加入 200 μL 氯仿，颠倒混匀。于 4℃条件下，12 000 r/min 离心 15 min。

离心后每管至少吸取 500 μL 上清液，注意不要吸出中间层。每管加入 400 μL －20℃预冷的异丙醇，颠倒混匀。

于 4℃条件下，12 000 r/min 离心 15 min。离心后轻轻倒去上清，倒置于吸水纸上，沾干液体，不同样品应在吸水纸不同地方沾干。

加入 600 μL 75%乙醇，颠倒洗涤。于 4 ℃条件下，12 000 r/min 离心 15 min。离心后轻轻倒去上清，倒置于吸水纸上，沾干液体，不同样品应在吸水纸不同地方沾干。同样方法洗涤 2 遍。

于 4℃条件下，4 000 r/min 离心 10 s，将管壁上的残余液体甩到管底，用移液器尽量将其吸干，一份样本换用一个吸头，吸头不要碰到有沉淀一面，开离心管盖室温干燥 3 min，不宜过于干燥，以免 RNA 不溶。

每管加入 10 μL DEPC 水，轻轻混匀，溶解管壁上的 RNA，2 000 r/min 低温离心 5 s，冰上保存备用。提取的 RNA 须在 2 h 内进行 RT-PCR 扩增或放置于－70℃ 冰箱。

2)扩增试剂的准备与配制

按不同厂家说明书配制。因各组分均为微量，扩增试剂统一配制再分装较为精准。如有 n 份样品，配制时应多出至少一份样品的量，以免因各种误差导致扩增试剂不足。

3)加样

按不同厂家说明书要求。

4)荧光 RT-PCR 反应

将加样后的 PCR 管放入荧光 PCR 检测仪内,记录样本摆放顺序。

循环条件设置:荧光 RT-PCR 检测 H5 亚型禽流感病毒的反应参数为:第一阶段,反转录 42℃ 30 min;第二阶段,预变性 92℃ 3 min;第三阶段,92℃ 10 s,45℃ 30 s,72℃ 1 min,5 个循环;第四阶段,92℃ 10 s,60℃ 30 s,40 个循环。荧光收集设置在第四阶段每次循环的退火延伸时进行。

7. 结果判定

1)实验成立标准

阴性对照无 Ct 值并且无扩增曲线。

阳性对照的 Ct 值<28.0,并出现典型的扩增曲线。否则,此次实验视为无效。

2)结果描述及判定

阴性:无 Ct 值并且无扩增曲线,表示样品中无禽流感病毒。

阳性:Ct 值≤30.0,且出现典型的扩增曲线,表示样品中存在禽流感病毒。

有效原则:Ct 值>30.0 的样本须重做。重做结果无 Ct 值者为阴性,否则为阳性。

三、试验结果的记录

(一)口蹄疫检测结果记录表

1. 样表

编号:　　　　　　　　　　　　日期:　　年　　月　　日

送检单位				
送样人		联系电话		
检测病种	口蹄疫　□O 型　□亚洲Ⅰ型 □A 型		检测畜种	
样品种类	□血清　□OP 液　□拭子　□组织			

<table>
<tr><td>检测方法</td><td colspan="6">□正向间接血凝试验 □ELISA □PCR □荧光定量 PCR</td></tr>
<tr><td rowspan="2">检测结果</td><td colspan="6"></td></tr>
<tr><td>检测样品总量</td><td></td><td>合格样品数量</td><td></td><td>个体合格率</td><td></td></tr>
<tr><td rowspan="3">试剂信息</td><td>试剂名称</td><td colspan="5"></td></tr>
<tr><td>试剂厂家</td><td colspan="5"></td></tr>
<tr><td>试剂批号</td><td colspan="5"></td></tr>
<tr><td>备注</td><td colspan="6"></td></tr>
</table>

检验负责人： 主检人： 单位(盖章)

2.表格填写说明

编号：表格编号要写清县(市、区)、时间及当前表格的序号，格式为县名缩写-年-序号。如永年区 2017 年第 35 份结果记录表，编号应为 YN-2017-35，缩写应写县(市、区)全称首字母大写缩写，不可只写县(市、区)名称第一个字的缩写，避免与其他县(市、区)混淆。表格序号可从每年初起始，依次顺序编写。

日期：具体写明××××年××月××日，填写的应为试验日期，便于对应查找原始试验记录。

送检单位：样品为规模场的写明××县(市、区)××场，样品为散养户的写明××县(市、区)××乡(镇)××村。

联系电话：为送样人的联系电话，方便核对样品信息。

检测病种：要写明口蹄疫的亚型，如 O 型口蹄疫、亚洲Ⅰ型口蹄疫、A 型口蹄疫。

检测畜种：写明为猪、肉牛、奶牛、羊或其他畜种。

样品种类：在列出的样品种类前的方框内勾选对应的样品种类。

检测方法：在列出的试验方法前的方框内勾选对应的试验方法。

检测结果：①正向间接血凝试验结果写抗体效价：2^n；②ELISA 结果只记录阴阳性，后附原始结果表；③PCR 结果只记录阴阳性，后附凝胶电泳图片；④荧光定量 PCR 结果只记录阴阳性，后附实验数据分析图。

检测样品总量：实际进行检测的样品数量。

合格样品数量：经检测后合格的样品数量。

个体合格率：(合格样品数量/检测样品总量)×100%。

备注：可注明是否有未检测样品及未检测的原因，如：样品丢失、血清量不足、血清溶血不可使用等需要解释的特殊事宜。

(二)高致病性猪蓝耳病/猪瘟检测结果记录表

1. 样表

编号：　　　　　　　　　　　　　　　　　　　　　　日期：　　年　　月　　日

<table>
<tr><td>送检单位</td><td colspan="6"></td></tr>
<tr><td>送样人</td><td colspan="2"></td><td colspan="2">联系电话</td><td colspan="2"></td></tr>
<tr><td>检测病种</td><td colspan="3">□高致病性猪蓝耳病</td><td colspan="3">□猪瘟</td></tr>
<tr><td>样品种类</td><td colspan="3">□血清</td><td colspan="3">□组织</td></tr>
<tr><td>检测方法</td><td colspan="3">□ELISA</td><td colspan="3">□PCR</td></tr>
<tr><td rowspan="2">检测结果</td><td colspan="6"></td></tr>
<tr><td>检测样品总量</td><td></td><td>合格样品数量</td><td></td><td>个体合格率</td><td></td></tr>
<tr><td rowspan="3">试剂信息</td><td>试剂名称</td><td colspan="5"></td></tr>
<tr><td>试剂厂家</td><td colspan="5"></td></tr>
<tr><td>试剂批号</td><td colspan="5"></td></tr>
<tr><td>备注</td><td colspan="6"></td></tr>
</table>

检验负责人：　　　　　　　　主检人：　　　　　　　　单位(盖章)

2.表格填写说明

编号、日期、送检单位、联系电话、样品种类、检测方法、检测样品总量、合格样品数量、个体合格率、备注等信息的填写方法参照口蹄疫检测结果记录表。

检测病种：在列出的检测病种前的方框内勾选对应的检测病种。

检测结果：①ELISA结果只记录阴阳性，后附原始结果表；②PCR结果只记录阴阳性，后附凝胶电泳图片。

（三）高致病性禽流感/新城疫检测结果记录表

1.样表

编号：　　　　　　　　　　　　　　　　　　　　日期：　年　月　日

<table>
<tr><td>送检单位</td><td colspan="6"></td></tr>
<tr><td>送样人</td><td colspan="2"></td><td colspan="2">联系电话</td><td colspan="2"></td></tr>
<tr><td>检测病种</td><td colspan="6">□高致病性禽流感　　□新城疫</td></tr>
<tr><td>样品种类</td><td colspan="6">□血清　　□双拭子</td></tr>
<tr><td>检测方法</td><td colspan="6">□血凝试验/血凝抑制试验　　□ELISA　　□PCR</td></tr>
<tr><td rowspan="2">检测结果</td><td colspan="6"></td></tr>
<tr><td>检测样品总量</td><td></td><td>合格样品数量</td><td></td><td>个体合格率</td><td></td></tr>
<tr><td rowspan="3">试剂信息</td><td>试剂名称</td><td colspan="5"></td></tr>
<tr><td>试剂厂家</td><td colspan="5"></td></tr>
<tr><td>试剂批号</td><td colspan="5"></td></tr>
<tr><td>备注</td><td colspan="6"></td></tr>
</table>

检验负责人：　　　　　　主检人：　　　　　　单位(盖章)

2.表格填写说明

编号、日期、送检单位、联系电话、样品种类、检测方法、检测样品总量、合格样品数量、个体合格率、备注等信息的填写方法参照口蹄疫。

检测病种：在列出的检测病种前的方框内勾选对应的检测病种。

检测结果：①血凝试验/血凝抑制试验结果写抗体效价：2^n；②ELISA 结果只记录阴阳性，后附原始结果表；③PCR 结果只记录阴阳性，后附凝胶电泳图片。

（四）布鲁氏菌病检测结果记录表

1.样表

编号： 日期： 年 月 日

<table>
<tr><td>送检单位</td><td colspan="5"></td></tr>
<tr><td>送样人</td><td colspan="2"></td><td colspan="2">联系电话</td><td></td></tr>
<tr><td>检测病种</td><td colspan="3">布鲁氏菌病</td><td>检测畜种</td><td></td></tr>
<tr><td>样品种类</td><td colspan="5">□血清 □OP 液 □拭子 □组织</td></tr>
<tr><td>检测方法</td><td colspan="5">□琥红平板凝集 □琥红试管凝集 □ELISA □PCR</td></tr>
<tr><td rowspan="2">检测结果</td><td colspan="5"></td></tr>
<tr><td>检测样品数</td><td colspan="2"></td><td>阳性个体数</td><td></td></tr>
<tr><td rowspan="3">试剂信息</td><td>试剂名称</td><td colspan="4"></td></tr>
<tr><td>试剂厂家</td><td colspan="4"></td></tr>
<tr><td>试剂批号</td><td colspan="4"></td></tr>
<tr><td>备注</td><td colspan="5"></td></tr>
</table>

检验负责人： 主检人： 单位(盖章)

2.表格填写说明

编号、日期、送检单位、联系电话、样品种类、检测方法、备注等信息的填写方法参照口蹄疫检测结果记录表。

检测病种:布鲁氏菌病。

检测畜种:写清奶牛、肉牛、羊。

检测结果:写明阴性/阳性。

(五)检测报告样本

编号:县名缩写-时间-编号,如 YN-2017-01

检 测 报 告

受检单位:______________________________

检验类别:______________________________

××县(市、区)动物疫病预防控制中心

注 意 事 项

1.报告无疫控中心检验专用章无效；

2.复制本报告未重新加盖本中心检验专用章无效；部分复印报告无效；

3.报告无检验负责人、主检人签字无效；

4.报告涂改无效；

5.对检测报告若有异议，请在收到之日起十五日内向检测单位提出，逾期不予受理；

6.本检测报告仅对所检样品负责；

7.未经本中心同意，本检测报告不得用于商业性广告。

通信地址：各县（市、区）疫控中心地址

邮政编码：

电　　话：

传　　真：

电子邮箱：

第二节　流行病学采样技术

一、采样前应当准备的用品、材料和试剂

器械：采样箱、保温箱或保温瓶、解剖刀、剪刀、镊子、酒精灯、酒精棉、碘酒棉、注射器及针头等；样品容器包括小瓶、玻片、平皿、离心管及易封口的样品袋、塑料包装袋等；试管架、铝盒、瓶塞、无菌棉拭子、胶布、封口膜、封条、冰袋等。

采样记录用品：不干胶标签、签字笔、油性记号笔、采样单、采样登记表等。

样品保存液：阿氏液、30％甘油生理盐水缓冲液、肉汤、PBS液、双抗、抗凝剂等。

防护用品：一次性手套、乳胶手套、口罩、防护服、防护帽、胶鞋等。

二、采样时间

在日常工作中，进行动物的免疫效果监测时，应在动物接种疫苗后且产生的抗

体达到高峰时(一般在接种后20～30天)进行采样。如在家禽接种禽流感灭活疫苗后21天,随机采集家禽血清样品进行抗体监测。

采用比较抗体效价变化法进行血清学诊断时,通常采集两份血清进行检测:第一份血清于病的初期采集,第二份血清应与第一次采集时间间隔2～3周采集。

采集死亡动物的内脏作为病料样品时,最迟应不超过动物死亡后6 h。

三、样品的采集

1.实验室检测时经常采集的样品种类

血液样品:全血、血清。

拭子样品:眼拭子、呼吸道拭子、咽拭子、肛拭子。

分泌物样品:食道-咽部分泌物(OP液)、乳汁。

组织样品:淋巴结、肝脏、脾脏、肺脏等脏器样品;脑、脊髓样品。

其他样品:胚胎样品、粪便样品、尿液样品等。

2.猪采样类型

(1)猪活体采样主要采集扁桃体、鼻拭子、咽拭子。

扁桃体采集方法:从活体采取扁桃体样品时,应使用专用扁桃体采集器。先用开口器使被采集的猪只嘴部保持张开状态,通过打开的口腔可以看到突起的扁桃体,把采样钩放在扁桃体上,快速扣动扳机取出扁桃体放入1.5 mL离心管中,编号,冷藏送检。

鼻拭子、咽拭子采集方法:应使用灭菌的棉拭子采集鼻腔、咽喉的分泌物。在蘸取分泌物后,立即将拭子浸入保存液中,密封低温保存或送检。

(2)猪病进行RT-PCR检测时,可采集的样品有:肺、扁桃体、淋巴结和脾等组织样品;新鲜精液或冷冻精液;血清、血浆、全血或细胞培养物。在实际工作中应根据检测的病种不同,采集不同的样品。

3.活体牛、羊OP液的采集

被检动物需在采样前禁食(可饮少量水)12 h;采样探杯在使用前需经装有0.2%柠檬酸或1%～2%氢氧化钠溶液的塑料桶中浸泡5 min,再用与动物体温一致的清水冲洗后使用;每采完一头动物,探杯都需要重复进行消毒并充分清洗。

采样时,动物应采取站立保定,将探杯随吞咽动作送入食道上部10～15 cm处,轻轻来回抽动2～3次,然后将探杯拉出。若采集的OP液被胃内容物严重污染,要用生理盐水或自来水冲洗口腔后重新采样。取出5～7 mL OP液,倒入含有等量细胞培养液或磷酸缓冲液的15 mL离心管中,拧紧离心管盖后充分摇匀,放冷藏箱及时送检，未能及时送检的应置于－20℃保存。

4.畜禽消化系统病料的采集

肠管的采集：用线将病变明显处（长 5～10 cm）的两端双结扎，从结扎的两端外侧剪断肠管，置于灭菌容器中，冷藏送检。

肠内容物样品的采集：选择肠道病变明显部位采集内容物。用灭菌的生理盐水轻轻冲洗表面，也可烧烙肠壁表面，经过无菌处理后用吸管扎穿肠壁，从肠腔内吸取肠内容物，放入盛有灭菌的 30％甘油生理盐水中冷藏送检。

5.禽病原学采样

高致病性禽流感进行病原学检测时，禽病料应包括喉气管拭子和泄殖腔拭子，最好是采集喉气管拭子。小珍禽用拭子取样易造成损伤，可采集新鲜粪便。死禽采集气管、脾、肺、肝、肾和脑等组织样品。

当疑似有新城疫发生时，发病禽采集气管拭子和泄殖腔拭子（或粪便），死亡禽病料采集以脑为主，也可采集脾、肺、气囊等组织检测。

采集的样品应尽快进行检测，如果没有检测条件，样品可在 4℃ 保存 4 天；若超过 4 天，需置于－20℃保存。

6.血液样品的采集

采集血液样品前一般被采集对象应禁食 8 h 以上，采集血样时，应根据采样对象、检验目的及所需血量确定采血方法与采血部位。

1)采血部位

马、牛、羊从颈静脉、尾静脉、乳房静脉采血；猪从前腔静脉、股静脉、隐静脉采血，用量少时也可以从耳静脉抽取；家禽从翅静脉或心脏用注射器抽取血液。

2)全血的采集

全血样品必须是脱纤血或是抗凝血。抗凝剂可选用肝素或乙二胺四乙酸（EDTA），枸橼酸钠对病毒有微毒性，一般不宜采用。以冷藏状态立即送实验室。必要时，可在血中按每毫升加入青霉素和链霉素各 500～1 000 IU，以抑制血源性或采血中污染的细菌。

3)血清的采集

采集血清用于实验室检测，样品的质量对最终的测定结果具有显著的影响。合格的血清样品应是清亮透明、无明显沉淀物的，避免使用腐败、溶血的样品（深红色）或严重脂血样品（图 4.18，参见封三彩图 4.18）。血清的采集量要足够进行检测与样品备份。血清样品在 2～7℃冷藏不可超过 3～5 天，或在－20℃冷冻不超过 30 天，反复冻融不能超过 3 次。

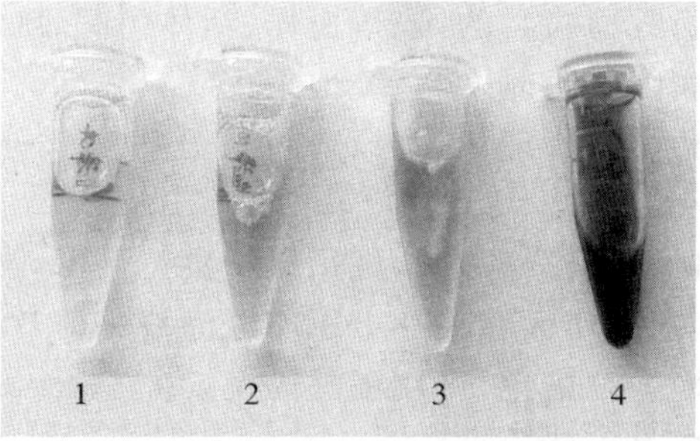

图 4.18　血清样品

1 号血清最优；2 号血清轻微溶血，仍可使用；3 号血清溶血较为严重，不可使用；
4 号血清已经腐败，应丢弃

附 4.6　怎样采集到高质量的血清

在对畜禽进行疫苗抗体效价检测时应注意采血只采健康的畜禽，不采带病畜禽。

随机采样，保证各个胎次、日龄等都比较均衡。

采血部位用酒精棉擦拭消毒，禽类采血量至少 2 mL，畜类至少 5 mL。

采血后注射器应留有一定空间（注射器回拔 2 cm，利于血清析出），常温或 37℃放置 30 min 至 1 h 使其凝血，再 4℃放置 6～12 h 析出血清；在操作的过程中注意不要剧烈震荡，以免发生溶血。

编号：采集的样品要用防水记号笔标记，便于血清分离，统计结果。

样品背景：需要提供被采畜禽种类、日龄以及免疫程序等背景。

四、采样注意事项

凡是血液凝固不良，鼻孔流血的病死动物，应耳尖采血涂片，首先排除炭疽。炭疽病死的动物严禁剖检。

急性死亡的家畜解剖、采样之前，必须用显微镜检查其血液涂片中是否有炭疽杆菌存在。

死亡动物的内脏病料采取，最迟不超过死后 6 h（尤其在夏季），否则，随着时间的推移，尸体腐败严重，将会难以采集到合格的病料。

采样时应从胸腔到腹腔。先采实质器官，采集过程中应做到无菌，避免外源性的污染；其后采集污染的组织，如胃肠组织、粪便等。

采取的病料必须有代表性，采取的组织器官应选取病变明显的部位。采取病料时应根据不同的疫病或检验目的，采集血样、活体组织、脏器、肠内容物、分泌物、排泄物或其他材料。病因不明时，应系统地采集病料。

采集组织病料样品供做病理切片时，应将典型病变部分及相连的健康组织一并采集。

用组织脏器样品材料制作抹片时，先用镊子夹持局部，然后以灭菌或洁净剪刀取一小块，夹出后将其新鲜切面在玻片上压印或涂成一薄片。

脏器样品抹片作姬姆萨染色，可用甲醇固定。

做组织学检查的样品不能冷冻。

需要进行细菌的分离鉴定时，病料应在使用治疗药物前采集，用药后会影响病料中微生物的检出。

实质脏器样品在短时间不能送到实验室的，如为供细菌检查的，应放于灭菌流动石蜡或灭菌的 30％甘油生理盐水中冷藏保存。

进行动物结核病的细菌性检查时，死畜可采淋巴结及其他组织；活畜可采其痰、乳、精液、子宫分泌物、尿和粪便等进行检测。

检测狂犬病病原时应采集唾液和脑样品。

牛海绵状脑病病原检测时采取脑组织样品。

怀疑发生口蹄疫时，水疱液样品必须采自未破的水疱，不加任何保存液。

用于病毒分离的样品材料，最好在冷藏的条件下(装有冰块或干冰的冷藏瓶)，立刻送到实验室。

若检查消化系统寄生虫，需采集 5～10 g 新鲜粪便样品。

用于寄生虫检验的粪便样品以冷藏不冻结状态保存。

采集乳汁样品时，不能采集最初所挤的 3～4 股奶，且进行血清学检验的乳汁不可以冻结、加热或强烈震动。

液态样品包装时，样品量不可超过容量的 80％，也不应低于容量的 70％。

采样时还应考虑动物福利，并做好个人防护，预防人畜共患病的感染。

防止污染环境，防止疫病传播，做好环境消毒和废弃物的处理工作。

第三节　免疫接种实用技术

一、免疫接种前的准备

(一)疫苗的领取

动物强制免疫疫苗由省级动物疫病预防控制中心统一组织，实行省(自治区、直辖市)、市、县逐级供应制度,并分别建立台账,其他任何单位和个人不准经营。防疫时可到所在地动物疫病预防控制中心或乡镇动物卫生监督所领取,领取时做好台账登记。

普通动物疫苗可到当地正规兽用生物制品经营单位购买。

(二)免疫物品的准备

根据不同疫苗、不同免疫方法、不同畜禽做相应准备。

1.疫苗

包括免疫用疫苗,稀释液或生理盐水。

2.器械

注射免疫:灭菌注射器(一般注射器或连续注射器)、针头、搪瓷盘、镊子、剪毛剪。

饮水免疫:饮水器或饮水盘,刻度水桶,搅拌棒。

滴鼻免疫:滴管,量筒或量杯。

喷雾免疫:专用喷雾器、量筒。

刺种免疫:刺种针,量筒或量杯。

口服免疫:量筒或量杯,口服投药器。

保定器械:牛鼻钳、耳夹子、保定架、网兜等。

3.药品

注射部位消毒药:75%酒精棉球,2%~5%碘酊,消毒干棉签。

人员消毒药:手洗消毒液、75%酒精等。

急救药品:0.1%盐酸肾上腺素、地塞米松磷酸钠、盐酸异丙嗪、5%葡萄糖注射液、生理盐水等。

4.防护用品

工作服或防护服,胶靴,橡皮手套,口罩,工作帽,护目镜,毛巾等。

5.其他物品

疫苗冷藏箱、冰块、免疫登记表、免疫证。

(三)注射器、针头的选择

1.注射器

金属注射器:有10 mL、20 mL、30 mL、50 mL等规格。特点是耐用、不易损坏、装量大、剂量较准,但构造烦琐,调整麻烦,不易清洗。适用于猪、牛、马、羊、犬等大、中型动物。

玻璃注射器:1~50 mL各种规格均有。特点是规格齐全、使用方便、易于清洗消毒,但容易损坏,操作不当药液易流失。适用于各种畜禽的免疫注射。

一次性注射器：规格齐全，使用方便。不需要提前消毒。一畜一针，不易人为感染。使用后要收回，无害化集中销毁。

连续注射器：最大装量为 2 mL。特点是轻便，效率高，剂量准。适用于家禽、小动物注射。

2. 针头

针头的大小要适宜。针头过短、过粗，注射后疫苗易流出；针头过长易伤骨膜、脏器；过细药液不易流出，影响注射。

家禽用 7 号针头（冻干苗）或 12 号针头（灭活苗）。

2～4 周龄猪用 16 号针头（2.5 cm 长），4 周龄以上猪用 18 号针头（4.0 cm 长）。羊用 18 号针头（4.0 cm 长）。牛用 20 号针头（4.0 cm 长）。

（四）免疫接种用品的清洗和消毒

将注射器、针头、刺种针、滴鼻（点眼）滴管、量筒等所需接种用具用清水冲洗干净，玻璃注射器针芯、针管分开用纱布包好，如为金属注射器，拧松调节螺丝，抽出活塞，取出玻璃管，用纱布包好，镊子、剪刀用纱布包好，针头插在多层纱布夹层中，在高压灭菌器中 121℃高压灭菌15 min，或加水淹没器械 2 cm 以上，煮沸消毒 30 min。消毒器械当日使用，超过日期或怀疑有污染要重新消毒。禁止使用化学消毒药浸泡消毒。一次性无菌接种用品要检查包装是否完整和有效期。

（五）免疫人员消毒和个人防护

1. 消毒

免疫人员接种前要剪短指甲，用肥皂洗手后，清水洗净，消毒液洗手，再用 75％酒精消毒手指。

消毒液要选取可用于皮肤的消毒溶液，如来苏儿、新洁尔灭、聚维酮碘等溶液，按使用说明配成消毒洗手液。

2. 个人防护

免疫人员要穿好工作服或防护服、胶靴，戴好帽子、口罩、护目镜、橡胶薄手套，特别是在进行人畜共患病（如布鲁氏菌病）免疫和气雾免疫时，严格做好个人防护。

（六）接种动物外观健康检查

检查动物精神状况、体温、食欲、被毛，询问饲养员近期有无发病情况。不正常的畜禽不能接种或暂缓接种。

发病、瘦弱、部分日龄较小的牲畜不能接种。

怀孕后期动物不予接种或暂缓接种。孕期动物按疫苗说明书决定是否进行接种。

对不能接种动物进行登记，以后补种。

（七）疫苗的检查和稀释

详细阅读疫苗使用说明书，了解其用途、使用方法、用量、注意事项等。

检查疫苗外观质量，发现疫苗瓶破裂、瓶盖松动、漏液、标签不完整、超过有效期、破乳或分层、有异物、霉变、冻干块萎缩、无真空等，不得使用。

注射用的灭活疫苗要先进行预温，使其恢复到室温（15～25℃）。可放到适度的温水中或温度适合的室内自然升温。

按说明书要求和接种方法，用疫苗稀释液、生理盐水或注射用水等稀释疫苗，配比一定要准确。

如果疫苗需要稀释，要用酒精棉球消毒瓶塞后，用注射器抽取稀释液，注入疫苗瓶内，振荡，使疫苗完全溶解。如需配制在其他容器内，要用稀释液或生理盐水等将疫苗瓶内的药物完全清洗取净。

灭活疫苗或油乳剂疫苗轻摇后，消毒瓶塞，直接抽取使用。

稀释后的疫苗如不立即使用或未用完，要先放在带有冰块的冷藏箱内，避免高温或阳光直射，在 1～2 h 内用完。如果接种畜禽量过大，应采取随用随稀释的方法，以免时间太长影响疫苗效价。

（八）动物的保定

接种疫苗前要做好动物的保定，良好的保定可保障人畜安全，使免疫顺利进行，确保免疫质量。

1.猪的保定

正提保定法：适用于仔猪耳根部、颈部的肌肉注射。保定者用双手分别握住猪的两耳、向上提起猪的头部，使猪的前肢悬空（图 4.19A）。

倒提保定法：适用于仔猪腹腔注射等。保定者用两手紧握猪的两后肢胫部，有力提举，使其腹部向前，同时用两腿夹住猪的背部，防止猪摆动（图 4.19B_1、B_2）。

侧卧保定法：适用于猪的注射、去势等。保定者一人抓住一后肢，另一人抓住耳朵，使猪失去平衡，侧卧倒地，固定头部，根据需要固定后肢。

仰卧保定法：适用于前腔静脉采血、灌药等。将猪放倒，使猪保持仰卧姿势，固定四肢。

木棒保定法：适用于大猪和性情凶猛的猪。用一根 1.6～1.7 m 长的木棍，末端系一根 30～40 cm 长的麻绳，再用麻绳的另一端在近木棍末端 15 cm 处做成一个固定大小的套。也可购买现成的保定木棒。保定时将套套在猪上颌骨犬齿的后方，随后将木棍向猪背后方向转动收紧绳套，即可将猪保定。

其他保定方法：可使用保定绳、保定器、保定床等。按说明使用即可。

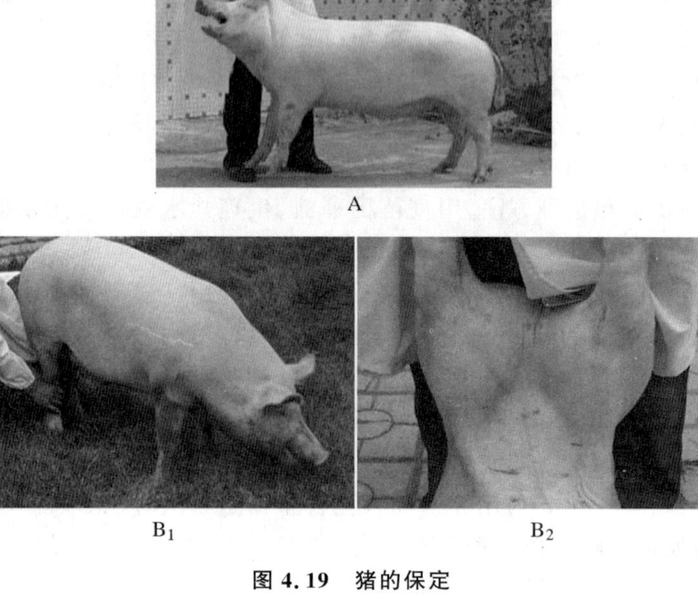

图 4.19　猪的保定

2.牛的保定

徒手保定法:适用于颈部肌肉注射、一般检查、灌药等。先用一手抓住牛角,然后拉提鼻绳、鼻环或一手的拇指、食指、中指捏住牛的鼻中隔加以固定。

牛鼻钳保定法:适用于颈部肌肉注射、一般检查、灌药、颈静脉注射、检疫等。将鼻钳两钳嘴抵住两鼻孔,并迅速夹紧鼻中隔,用一手或双手握持,亦可用绳系紧钳柄将其固定(图 4.20)。

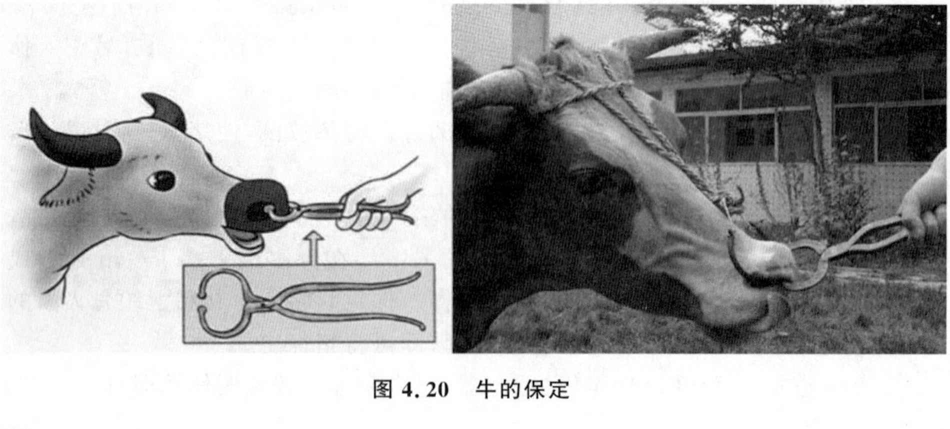

图 4.20　牛的保定

柱栏保定法：适用于免疫注射、疾病治疗、检查等。有二柱栏、四柱栏、六柱栏等。柱栏要配有胸革、臂革、肩革等或相应扁绳。将牛牵入栏内，固定好缰绳。

3. 马属动物的保定

鼻捻子保定法：适用于颈部肌肉注射、一般检查、治疗等。将鼻捻子的绳套套于一只手（左手）上并夹于指间，另一只手（右手）抓住笼头，持有绳套的手自鼻梁向下轻轻抚摸至上唇时，迅速用力抓住马的上唇，另一只手离开笼头，将绳套于唇上，并快速向一方捻转把柄，直至拧紧为止（图 4.21A）。

耳夹子保定法：适用于颈部肌肉注射、一般检查、治疗等。先将一手放于马的耳后颈侧，然后迅速抓住马耳，持耳夹子的另一只手快速将耳夹子放于耳根后有力夹紧。应注意握紧耳夹子，防止因马匹骚动、挣扎使耳夹子脱手甩出，击伤人员（图 4.21B）。

后肢保定法：适用于臀部肌肉注射、直肠或阴道检查等。将一条长约 8 m 的绳子中段对折打一颈套，套于马颈基部，两端经马的两前肢和两后肢之间，再分别向左右两侧返回交叉，使绳套落于系部，将绳端引回至颈套，系结固定好。

柱栏保定法：适用于免疫注射、疾病治疗、检查等（图 4.21C）。有二柱栏、四柱栏、六柱栏等。柱栏要配有胸革、臂革、肩革等或相应扁绳。挂好胸革，将马从柱栏后方引进，把缰绳系于前柱上，挂好臂革、肩革。

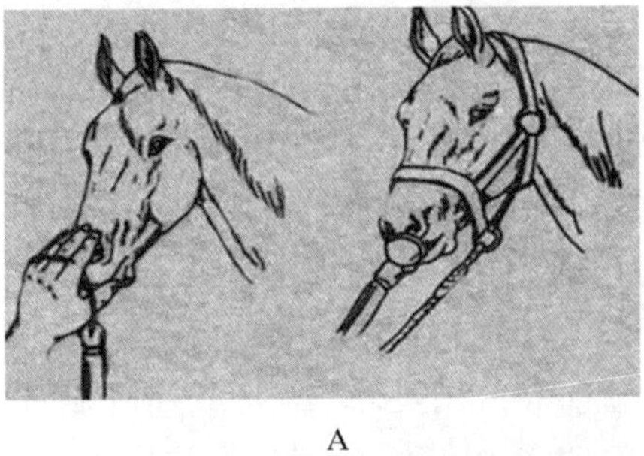

A

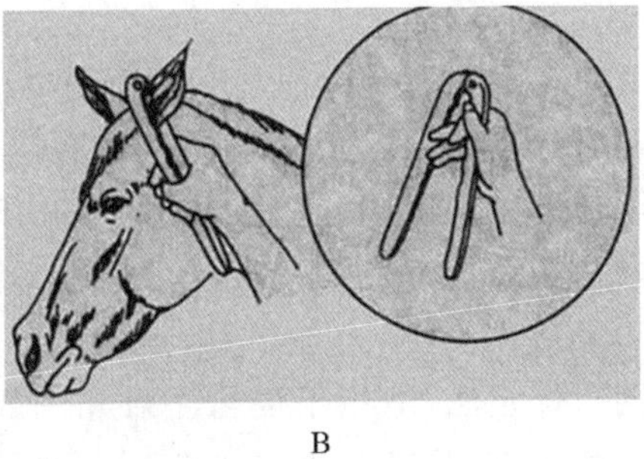

B

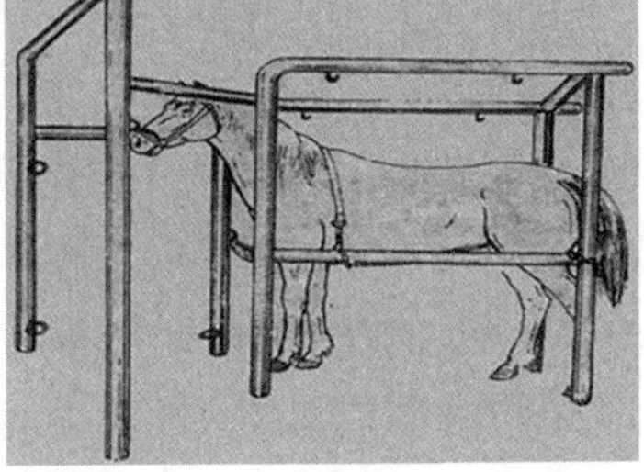

C

图 4.21　马属动物的保定

4.羊的保定

站立保定法:适用于疫苗注射、临床检查、治疗等。两手握住羊的两角或耳朵,保定者骑跨到羊背上,用大腿内侧夹持住羊两侧胸壁即可保定(图 4.22A)。

侧部保定法:适用于疫苗注射、临床检查、治疗等。保定者左手和胳膊从羊的一侧颈下方抱住羊的颈部,右手从羊背部到另一侧握住羊前肢腋下部,呈蹲式搂紧羊只(图 4.22B)。

A　　　　B

图 4.22　羊的保定

侧卧保定法:适用于疫苗注射、治疗、简单手术等。保定者俯身从对侧一手抓住羊两前肢系部或抓一前肢臂部,另一只手抓住腹肋部膝前皱襞处扳倒羊体,然后再抓两后肢系部,前后一起按住即可。

5.犬的保定

网口保定法:适用于疫苗注射和一般检查等。用皮革、金属或棉麻制成口网,套于犬的口部,将其附带系于两耳后方颈部,防止脱落。口网的规格应根据犬的大小选择使用。

扎口保定法:适用于疫苗注射和一般检查等。用绷带或布条做成猪蹄扣套在犬的鼻面部,使绷带的两端位于下颌处并向后引至颈部打结固定。此法较口网法简单且牢靠。

横卧保定法:适用于临床检查、治疗、疫苗注射等。先将犬做扎口保定,然后两手分别握住犬两前肢的腕部和两后肢的趾部,将犬提起横卧在平台上,以右臂压住犬的颈部,即可保定。(图 4.23)

图 4.23　犬的保定

6. 动物保定注意事项

了解动物习性和有无恶癖，保定要在畜主的协助下完成。

不要粗暴对待动物，要有爱心和耐心。

选用器械要合适，绳索要结实、粗细适宜，绳要打活结，以便危急时刻迅速解开。

根据动物大小选择适宜场地，地面要平整，没有碎石、瓦砾等，防止损伤动物。

无论是接近单个动物或动物群体，都应适当限制参与人数，以防惊吓动物。

切实做好参与保定人员的个人防护，保证人员安全。

二、免疫接种方法和操作

为保证动物在免疫接种后产生预期的免疫效果，在使用疫苗时，应按照疫苗使用说明书的要求采用正确的免疫接种方法。弱毒疫苗尽量模仿自然感染途径接种，灭活疫苗一般应在皮下或肌肉注射接种。

（一）注射免疫法

1. 皮下注射

1）禽类皮下注射

适用范围：雏禽、幼禽。

操作方法：左手握住幼禽保定好，在颈背部下 1/3 处，用大拇指和食指捏住颈中线的皮肤并向上提起，针孔向下与皮肤呈45°角从前向后方向刺入皮下0.5～1 cm。推动注射器活塞，缓缓注入疫苗，注射完毕后快速拔出针头(图4.24)。

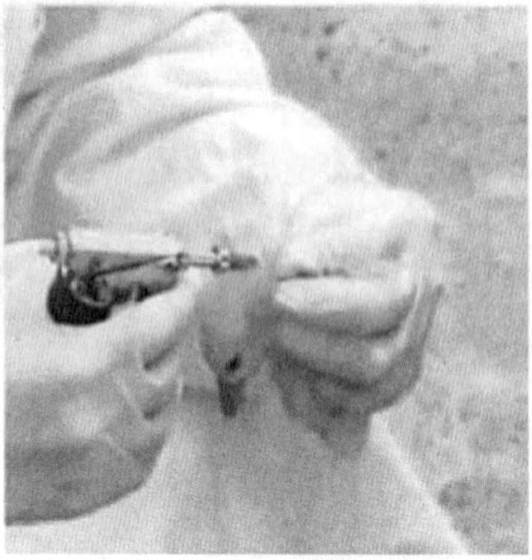

图4.24　禽类皮下注射

注意事项：多数使用连续注射器操作，疫苗剂量较小，不需要皮肤消毒。注射过程中要经常检查注射器是否正常。保定时一定要捏住皮肤，不能只捏羽毛。确保针头刺入皮下。注射速度不要太快，防止疫苗外溢。

2)家畜皮下注射

适用范围：牛、马、羊、猪、犬等。

操作方法：注射部位要选择皮薄毛少、皮肤松弛、皮下血管少的部位。马、牛、羊等宜在颈侧中1/3处，猪宜在耳根后或股内侧(图4.25)，犬宜在股内侧。保定好动物后，用2%～5%碘酊棉球由内向外螺旋式消毒接种部位，再用挤干的75%酒精棉球脱碘。左手拇指与食指捏住消毒处皮肤提起呈三角形，右手持注射器，沿三角形基部快速刺入皮下约2 cm，左手放开皮肤(如果针头刺入皮下，则可较自由拨动)，回抽针芯，如无回血，缓慢注入药液，注射完毕后用消毒的干棉球按住注射针眼部位，拔出针头。最后涂以2%～5%碘酊消毒。

图4.25　家畜皮下注射

注意事项：用 75%酒精脱碘，待酒精干后再注射。插针时要防止刺穿皮肤注射到皮外。避免将药液注射到血管。

2. 肌肉注射法

1）禽类肌肉注射

适用范围：鸡、鸭、鹅、鸽子等禽类。

操作方法：可选择胸部、腿部或翅根部位肌肉。保定好禽类后，用 75%酒精棉球擦拭注射部位，酒精干后进行注射。胸部肌肉注射时要将疫苗注射到胸骨外侧 2～3 cm 的表面肌肉内，进针方向与机体保持 45°角，倾斜向前进针；腿部肌肉注射时应选择在无血管处的外侧腓肠肌，顺着腿骨方向与腿部保持 30°～45°角进针，将疫苗注射到外侧腓肠肌的浅部肌肉内（图 4.26）。2 月龄以上的鸡可选择翅根肌肉注射，要选择翅根部肌肉多的地方注射。

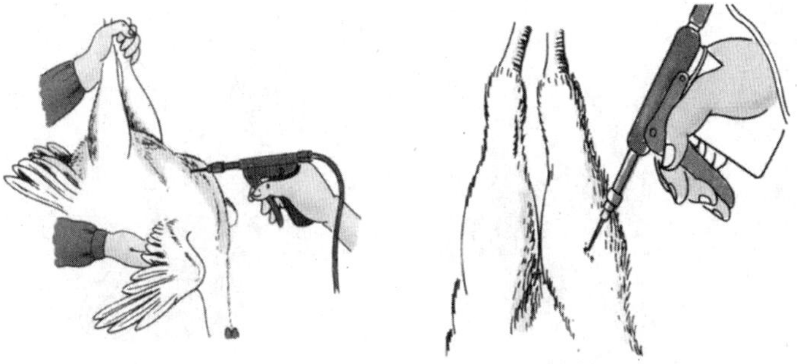

胸肌注射　　腿肌注射

图 4.26　禽类肌肉注射

注意事项：胸部肌肉注射时进针方向要掌握好，避免刺穿体腔或刺伤肝脏、心脏等，尤其是体格较小的禽类。注射时要先看有无回血再注射，避免伤及血管。要选择大小适宜的注射器和针头。

2）家畜的肌肉注射

适用范围：猪、牛、马、羊、犬、兔等家畜。

操作方法：应选择肌肉丰满、血管少、远离神经干的部分。马、牛宜在臀部或颈部，猪宜在耳后（图 4.27）、臀部，羊、犬、兔宜在颈部。保定好动物后，用 2%～5%碘酊棉球由内向外螺旋式消毒接种部位，再用挤干的 75%酒精棉球脱碘。左手固定注射部位，右手拿注射器，针头垂直刺入肌肉内，然后用左手固定注射器，右手回抽针芯，如无回血，慢慢注入药液，发现回血要变更刺入位置。如果动物不安定或皮厚不易刺入，可将针头取下，用右手拇指、食指和中指捏紧针头尾部，对准注射部位迅速刺入肌肉，然后接上注射器进行注射。肌肉注射时，进针方向要与注射部位皮肤垂直(图 4.28)。注射完毕拔出针头后，涂以 2%～5%碘酊消毒针眼部位。

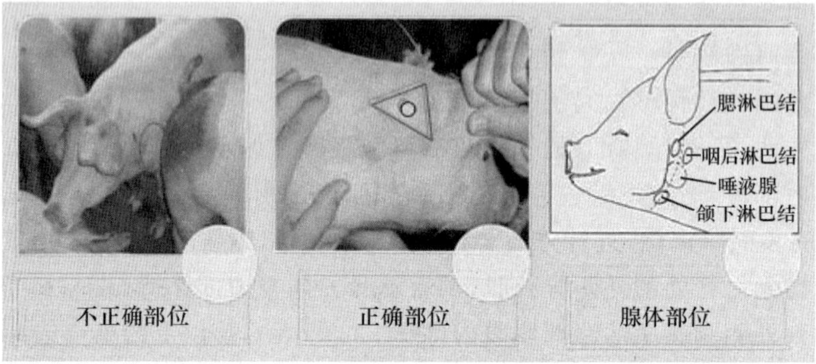

图 4.27 猪的肌肉注射部位

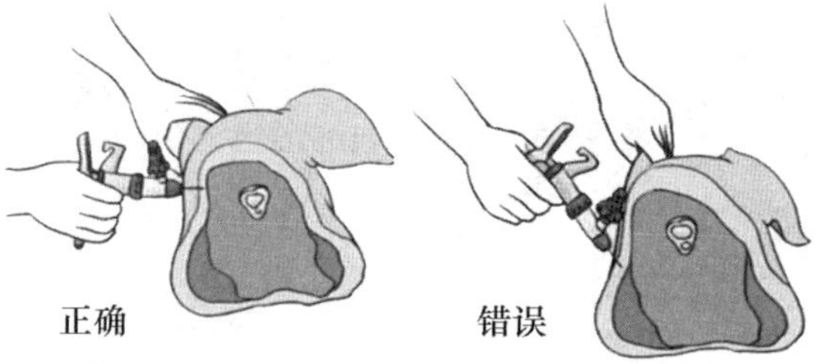

图 4.28 家畜的肌肉注射

注意事项：要根据动物大小和肥瘦程度，掌握刺入深度，避免刺入太深伤及骨膜、血管、神经等，或因刺入太浅将疫苗注入脂肪而不易吸收。要选择大小适宜的注射器和针头，防止针头折断，禁止打飞针，注意更换针头。

3.皮内注射法

适用范围：家畜、家禽的皮内免疫接种。如绵羊痘活疫苗和山羊痘活疫苗。

操作方法：选择皮肤致密，被毛稀少部位。羊宜在尾根部或颈部，马、牛宜在颈侧、尾根、肩胛中央，猪宜在耳根后，鸡宜在肉髯部位。保定动物后，注射部位消毒，用左手将皮肤夹起一皱褶或用左手绷紧固定皮肤，右手持注射器，在皱褶上或皮肤上斜着使针头几乎与皮面平行轻轻刺入皮内约 0.5 cm，放松左手，左手在针头和针管连接处固定针头，右手持注射器，徐徐注入药液。如果针头确在皮内，则注射时感觉有较大阻力，同时注射处形成一个圆丘状凸起。注射完毕后拔出针头，用 2%～5%碘酊消毒注射部位。

注意事项：针头不要太粗。药液不宜过多，一般在 0.5 mL 以内。部位选择要正确，不要注入皮下。

4. 穴位注射法

适用范围：猪。有些疫苗需要进行穴位注射才能起到较好效果，如猪传染性胃肠炎疫苗。

操作方法：

后海穴：位于肛门和尾根之间的凹陷处。保定好猪只，将尾巴提起消毒后，手持注射器于后海穴向前上方进针，刺入 0.5～4 cm（根据猪的大小、肥瘦掌握进针深度），注入疫苗后拔出针头，消毒注射部位（图 4.29）。

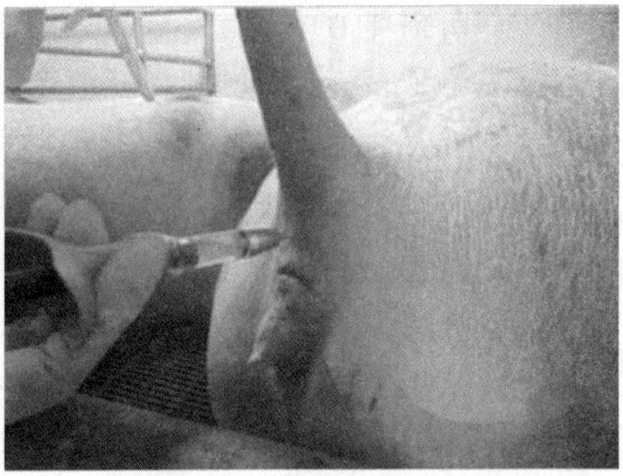
图 4.29　后海穴注射

风池穴：位于寰椎前缘直上部的凹陷中，左右各有一穴。保定猪只局部剪毛消毒后，手持注射器垂直刺入 1～1.5 cm（根据猪的大小、肥瘦掌握进针深度）进行注射。

5. 胸腔注射法

适用范围：猪。少量疫苗需要进行胸腔注射，如猪喘气病疫苗。

操作方法：保定好猪只，剪毛消毒后，在右侧胸腔倒数第六、七肋骨间与肩胛骨后缘平齐，垂直刺入（图 4.30）。

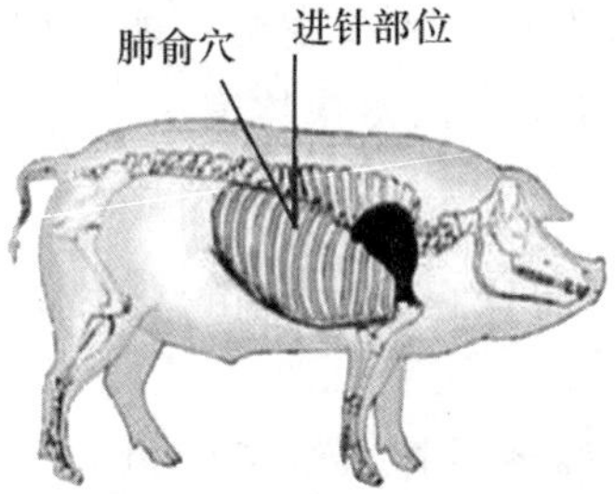

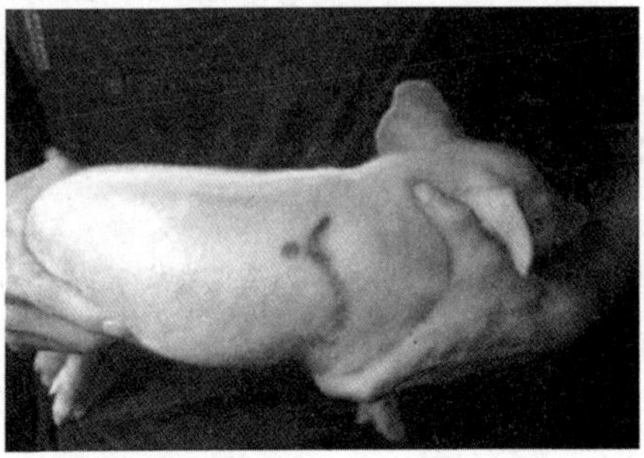
图 4.30　胸腔注射

6. 静脉注射法

适用范围：马、牛、羊、猪、犬等家畜。如免疫血清的注射。

操作方法：马、牛、羊在颈静脉，猪在耳静脉或前腔静脉，犬在趾背外侧静脉或前臂内侧皮下静脉。保定好动物，局部剪毛消毒后找到静脉，用左手指按压注射部位稍下后方，使静脉显露，右手持注射器或注射针头，快速刺入血管，有血流出时，放开左手，将针头顺着血管向里深入，固定好针头，检查有回血后，缓慢注入药液。注射完毕后，用消毒干棉球压紧针眼，右手迅速拔出针头，继续紧压针孔局部片刻，最后用碘酊棉球消毒。

注意事项：要找准静脉，做好消毒，药液推注要缓慢。拔针后按压要充分，防止血肿。

（二）饮水免疫法

适用范围：大群禽类免疫。

操作方法：家禽先停水2～4 h(夏天停水时间短，冬天较长)，选择不含消毒剂和铁离子的凉开水、深井水、蒸馏水或生理盐水等将疫苗稀释，饮水量为平时日耗水量的40%～50%，把稀释好的水倒入饮水器或水盘内，让禽类自由饮用(表4.2)。

表4.2 鸡饮水免疫大致饮水量参考表

mL/只

项目		1周龄	2周龄	3周龄	4周龄	5周龄	6～10周龄	10～16周龄
冬天	蛋用雏鸡	2～4	5～8	11～13	14～16	18～20	20～27	27～37
	肉用雏鸡	4～6	8～10	15～17	30～32	32～35	36～42	
夏天	蛋用雏鸡	4～8	10～16	22～26	28～32	36～40	40～54	54～74
	肉用雏鸡	8～12	16～20	30～34	60～64	64～70	72～84	

注意事项：疫苗剂量要加大，一般以2～4倍为宜。稀释疫苗不能使用金属容器，饮用的水要清洁。饮水器要分布均匀，在1～1.5 h内尽快饮完。

（三）口服免疫法

适用范围：猪、牛、羊等一些菌苗的免疫，如布鲁氏菌病活疫苗、仔猪副伤寒活疫苗、链球菌活疫苗等。

操作方法：将疫苗用生理盐水或清洁凉开水稀释后拌入饲料中口服或直接稀释后灌服。有条件的可用疫苗投放器按说明书要求进行操作(图4.31)。

注意事项：口服时疫苗剂量一定要充足，稀释用的水和饲料温度不能高，饲料中或水中不能含有影响疫苗效果的药物、添加剂等。

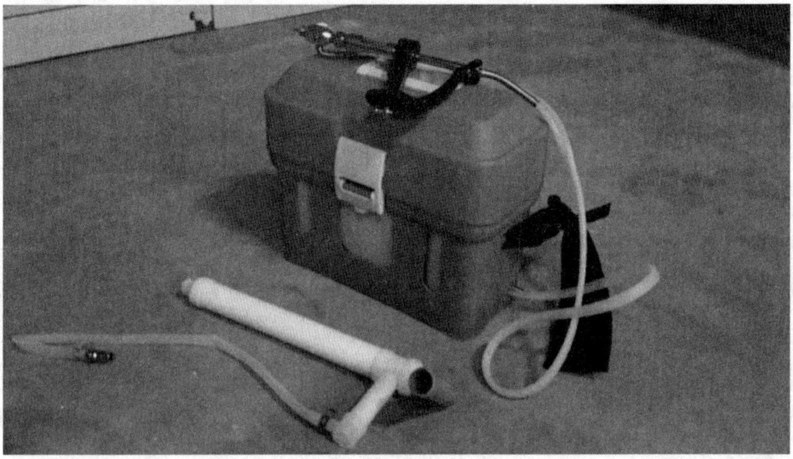

图 4.31　疫苗投放器

（四）滴鼻、点眼免疫法

适用范围：雏禽、幼禽、仔猪。

操作方法：稀释疫苗前要先计算好所使用的滴管多少滴为 1 mL，一般 1 mL 约 20 滴，一滴约 0.05 mL；每只家禽滴 2 滴，约需要疫苗 0.1 mL。操作时左手握住禽体，用拇指和食指夹住头部，右手持滴管将疫苗滴入眼或鼻内，待疫苗进入眼、鼻后，将禽放开。仔猪免疫时将猪头部向上抬起，用专用滴鼻器或专用滴管将疫苗滴入鼻腔内，最好形成雾滴状滴入（图 4.32）。

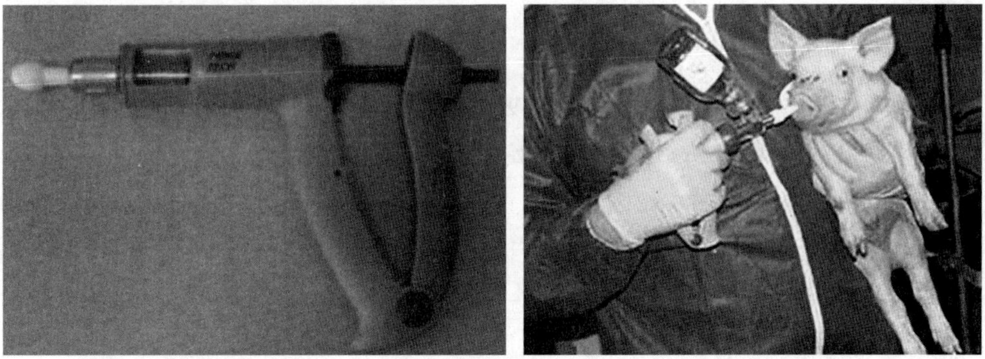

图 4.32　滴鼻免疫

注意事项：操作要迅速，防止漏滴和甩头。仔猪要保定好，确保疫苗吸入鼻腔。

(五)气雾免疫法

适用范围:禽类,一般用于鸡群。

操作方法:一般在清晨进行。疫苗用量按禽舍设计饲养量计算并适当增加(通常加倍),稀释液每 1 000 只平养鸡用量为 400 mL,多层笼养的鸡为 200 mL,在饲养量不足的情况下仍需使用同样多的疫苗。免疫前关闭门窗和通风系统,用适当粒度(30～50 μm)的喷雾器在鸡群上方离鸡只 0.5 m 处喷雾,边走边喷,至少应喷 2～3 遍,让鸡只充分吸入飘浮在空气中的带有疫苗的雾滴。喷雾完毕后 20～30 min 开启门窗或通风系统。

注意事项:气雾免疫当天不能进行喷雾消毒,避免阳光直射。免疫进行过程中要随时观察舍温,防止温度过高。喷雾免疫时禽舍内湿度不能过低,灰尘较大的房舍喷雾免疫前后要用适量清水进行喷雾降低尘埃。接种人员要做好个人防护。

(六)刺种免疫法

适用范围:家禽。

操作方法:选择禽翅膀内侧三角区无血管处。左手抓住鸡的一只翅膀,右手持刺种针插入疫苗瓶中,蘸取稀释的疫苗液,在翅膀内侧无血管处刺针。拔出刺种针,稍停片刻,待疫苗吸收后,将禽放开。

注意事项:进行接种禽类要健康,防止刺种传染疫病。刺种时不要伤及血管和骨骼。刺种后 10 天左右观察刺种部位有无红肿、结痂,如果没有要重新补刺。

三、免疫副反应的处理和预防

免疫接种后,在免疫反应时间内,要仔细观察免疫动物的精神状况、饮食、体温等,对有异常表现的动物要予以登记,严重时要及时抢救。

(一)免疫副反应的处理

一般反应:有些动物在注射疫苗后会出现精神萎靡不振,食欲减退,体温轻微升高,产奶量或产蛋量下降等现象。这种情况一般不需要特殊治疗,经过 1～3 天后可恢复正常。

严重反应:因个体差异,个别动物注射疫苗后会出现急性过敏反应,表现为呼吸加快,可视黏膜充血,注射部位肿胀,肌肉震颤,口吐白沫,倒地抽搐等,常因抢救不及时而死亡。对反应严重的动物,可迅速皮下注射 0.1% 的盐酸肾上腺素 5 mg,视病情缓解程度,20 min 后可以相同剂量重复注射 1 次。同时要采取抗休克、抗过敏、强心补液、消炎抗感染、镇静解痉等疗法进行抢救治疗。

（二）免疫接种反应报告的填写

免疫接种造成死亡和出现免疫接种严重反应数量较多时，要填写动物免疫接种反应现场记录，记录应包括畜禽类别、数量、日龄，所用生物制品名称、生产厂家、批号、有效期，注射方法、剂量、免疫日期，畜禽免疫反应数量、反应出现时间、死亡数量、临床症状、救治措施等，经畜主签字后报当地动物防疫监督机构和兽医部门。同时留存好使用的疫苗样本和空瓶。如果出现大面积的免疫接种严重反应，当地动物防疫监督机构要停止使用引起反应的疫苗并留存本批次疫苗样本，做好相关资料整理工作，及时通知生产厂家。动物免疫反应造成损失的补偿按照有关文件规定执行。

（三）不良反应的预防

严格按照疫苗使用说明进行接种，注射部位要适当，注射方法要规范，注射剂量要准确。

预防接种前要减少应激反应的发生。避免动物受到寒冷、高温、转群、长途运输、惊吓、脱水等外界因素的刺激。

掌握动物健康状况。对发病的或精神、食欲、体温等不正常的动物和体质瘦弱的动物等暂缓接种。孕畜要谨慎接种。处于潜伏期的动物注苗后很容易引起用苗后的反应现象，并加速病情的发展。对于怀疑有疫病潜伏感染的畜禽，用苗要非常慎重。

按照合理的免疫程序，选择适宜毒力或毒株的疫苗。不同疫苗接种要有一定时间间隔。

对于接种反应较大或不经常使用的疫苗，可先进行小群动物接种实验，然后再进行大群接种。

免疫前后要做好饲养管理，提供优质饲料，提高机体非特异免疫力。

第四节　疫苗贮藏实用技术

一、兽用生物制品相关的基本概念

1.兽用生物制品

兽用生物制品是用天然或人工改造的微生物、寄生虫、生物毒素或生物组织及代谢产物为原料，采取生物学以及生物工程学的方法加工制成的，用于预防、治疗和诊断畜禽等动物疾病的生物制剂。

兽用生物制品包括五大类：①供预防传染病用的疫苗和类毒素；②供诊断用的各种抗原、抗体及核酸探针等特异性诊断制剂；③供治疗和紧急预防用的免疫血清和类毒素；④白细胞介素、干扰素、免疫增强剂等非特异性因子；⑤血液制品（血浆、白蛋白等）。

2. 疫苗

由病原微生物、寄生虫以及其组分或代谢产物所制成的用于人工主动免疫的生物制品称为疫苗。

常规疫苗是由细菌、病毒、立克次氏体、螺旋体、支原体等完整微生物制成的疫苗，包括活疫苗、灭活苗、类毒素、生态疫苗、寄生虫疫苗、肿瘤苗等几类。另外疫苗还包括利用微生物的一种或几种亚单位或亚结构制成的亚单位疫苗和其他的生物技术疫苗如基因工程疫苗、合成肽疫苗、抗独特型疫苗、核酸疫苗等。

3. 免疫接种

免疫接种是指给动物接种疫苗或免疫血清，使动物机体自身产生或被动获得对某一病原微生物特异性抵抗力的一种手段。通过免疫接种，使动物产生或获得特异性抵抗力，预防疫病的发生，保护畜禽健康。包括预防接种、紧急接种和临时接种。

二、疫苗的作用

疫苗的作用就是接种动物后可使动物获得针对某种传染病的特异性抵抗力，防止动物感染和发病。在动物传染病防控中，疫苗接种是预防动物疫病发生和流行的关键措施。

三、疫苗的种类和特点

1. 活疫苗

活疫苗即弱毒疫苗，是利用从自然界分离到的天然弱毒株或经过人工致弱的毒株制造的疫苗。弱毒疫苗的毒力已经不能引起动物发病，但仍然保持着原有的免疫原性，并能在体内繁殖，因此，可用较少的免疫剂量诱导动物产生较强的免疫力。

弱毒疫苗具有抗体产生快、免疫期长、不影响动物产品品质等优点，是目前生产中使用得最广泛的疫苗种类。活疫苗需要低温保存，为了延长保存期，常采取冻干保存，又称冻干疫苗。如高致病性猪蓝耳病、猪瘟、小反刍兽疫、鸡新城疫、炭疽、布鲁氏菌病等活疫苗。

2. 灭活疫苗

灭活疫苗是把病原微生物经理化方法灭活后制造的疫苗，又称为死疫苗。灭活后的病原微生物仍然保持免疫原性，接种后使动物产生特异性免疫力。这种疫苗通常采用白油佐剂，又称油佐剂疫苗。

灭活疫苗的优点是使用安全和易于保存，免疫效果良好，不存在散毒和造成新疫源的危险，便于储存和运输，受母源抗体影响小；缺点是必须逐只（头）注射，接种剂量大，免疫力产生较慢，不能产生局部免疫，动物接种后免疫反应也较大。如高致病性禽流感、口蹄疫、高致病性猪蓝耳病等灭活疫苗。

3. 合成多肽疫苗

多肽疫苗是通过化学合成法人工合成病原微生物的保护性多肽，再加入佐剂制成的疫苗。

多肽疫苗由于完全是合成的，不存在毒力回升或灭活不完全的问题，已成为一种新型的疫苗。如猪 O 型口蹄疫多肽疫苗。

4. 基因工程疫苗

基因工程疫苗是用分子生物学技术对病原微生物的基因组进行改造，以降低其致病性，提高其免疫原性，或者将病原微生物基因组中的一个或多个对预防疫病有用的基因克隆到无毒的原核或真核表达载体上制成的疫苗。

基因工程疫苗的特点是安全性好，不易返祖，免疫期较长，免疫力坚实，有的可以进行局部接种，诱导黏膜免疫力的产生。如新城疫-禽流感重组二联活疫苗、禽痘-禽流感重组二联疫苗、猪伪狂犬病基因缺失活疫苗等。

四、疫苗标签

疫苗标签分外包装标签和内包装标签。内包装标签贴于疫苗瓶外壁上，包括疫苗标识、名称、规格、批准文号、生产批号、生产日期、有效期、二维码、生产企业信息等内容。

1. 疫苗批准文号

疫苗批准文号是农业部根据国家兽药标准，生产工艺和生产条件批准特定疫苗生产企业生产特定疫苗产品时核发的兽药批准证明文件。

批准文号的编制格式为：疫苗类别名称＋年号＋企业所在地省（自治区、直辖市）序号＋企业序号＋疫苗品种编号。

2.生产批号

生产企业生产该批次疫苗所设立的产品序号或编号。

3.有效期

有效期是指在规定的贮藏条件下能够保持疫苗质量的期限。例如某批次疫苗的生产日期是20170525,有效期1年,即该批次疫苗的有效期到2018年5月24日止。有的疫苗产品已经标明具体有效期,例如,有效期至:20180909,表明该疫苗在2018年9月9日前有效。

4.疫苗使用说明书

疫苗使用说明书随疫苗包装携带,是疫苗使用、运输、贮藏的重要依据,要仔细阅读。疫苗使用说明书注明了以下内容:疫苗标识、疫苗名称、主要成分及含量(型、株及活疫苗的最低活菌数或病毒滴度)、性状、接种对象、用法与用量(冻干疫苗须标明稀释方法)、注意事项(包括不良反应与急救措施)、有效期、规格(容量和头份)、包装、贮藏、废弃包装处理措施、批准文号、生产企业信息等。

5.二维码

所有疫苗产品要全部附二维码出厂、上市销售。二维码附于产品标签上。扫描二维码后,可显示兽药产品追溯系统随机产生的24位数字(追溯码)、产品名称、批准文号、企业简称、企业电话等。二维码与疫苗生产日期、生产批号、有效期没有关系。

五、疫苗的贮藏和管理

(一)冷链设施的配置和管理

冷链是指为保持疫苗贮藏温度在规定的范围内所使用的设施设备、物品的总称。

冷链设施和物品包括冷冻库、冷藏库、冷冻冰柜、冷藏冰箱或冰柜、冷藏车、液氮罐、疫苗冷藏箱、冷藏包、温湿度计、冰媒等,可根据具体需要做相应配置。

冷库要按规定的要求进行建设,做好防火、防盗、防潮、防鼠、防污染等措施。配备备用发电机或第二电源。

冰箱、冰柜要安放在通风、干燥的环境中。离开墙壁,远离热源,配置专用插座。

冷链管理要有专人负责,对设施设备定期进行维护和检修,定期进行除霜、内外清洁、消毒,做好记录。

存放疫苗的冷库、冰柜、冰箱、运输车要配置温湿度计。每天观察温湿度状况，做好记录。

（二）疫苗的运输

冻干活疫苗大量运输时应采用冷藏车运输，少量运送时可使用冷藏箱（包）加冰媒。运输过程中要防晒防热。

灭活疫苗大量运输时应采用冷藏车运输，少量运送时可以使用冷藏箱加冰媒。运输过程中冬季要防止冻结，夏季要防阳光照射。

疫苗运输过程中要选择最快到达路线，避免中途停留。

（三）疫苗的贮藏

疫苗贮藏前要先查阅所贮藏疫苗的使用说明书，了解清楚疫苗贮藏温度和注意事项。同时要查看疫苗外包装、疫苗外观、有效期、批号等，看有无破损、失效，油苗看有无分层、破乳、冻结，对数量进行核对后，按温度要求对疫苗进行贮藏。对于直接从生产厂家接收的疫苗，还要查看本批次疫苗的“兽医生物制品生产与检验报告”单。

活疫苗一般在－15℃以下条件下贮藏，也有的在2～8℃条件下贮藏，灭活疫苗在2～8℃条件下贮藏。细胞结合型疫苗如马立克氏病血清型疫苗要在液氮中（－196℃）贮藏。

冷冻库、冷冻冰柜或冰箱，温度设置在－15℃或－18°以下，湿度不超过75%。冷藏库、冷藏冰柜或冰箱，温度设置在2～8℃之间，湿度不超过75%。

冷库内疫苗要贮藏在垫板或货架上。疫苗摆放按箱体要求设置层高，严禁倒置和堆积；箱体离开库壁和箱内设施一定距离，以利于制冷传导。库内疫苗按品种、批次、有效期分类存放，要有标示牌，避免混乱。

冰箱、冰柜内贮藏的疫苗要拆开包装大箱，整盒或整瓶放置，摆放整齐，严禁倒置和堆积，不要紧贴冰箱、冰柜内壁放置。冰箱门内壁储物栏不要长期贮藏疫苗。大型的冰箱或冰柜可按冷库要求贮藏疫苗。

失效、破损、过期的疫苗要及时清理，与正常疫苗分开。设置专用存放处，密封保存，定期销毁，做好销毁记录。

（四）疫苗台账管理

各种疫苗尤其是强制免疫疫苗，要建立疫苗登记台账，并有专人负责。台账要详细记录入库、出库疫苗的品种、批准文号、批号、规格、生产厂家、生产日期、有效期、数量等，详细记录领取或使用的单位、养殖场（厂）、养殖户等。疫苗台账记录要做到真实、完整，填写完成后归档保存。

第五节　兽医消毒实用技术

兽医消毒是指用物理的、化学的或生物的方法清除或杀灭畜禽体表及其生活环境和相关物品中的病原微生物的过程。消毒的目的是切断传播途径，预防和控制传染病发生与传播。做好兽医消毒工作，对发展畜牧业生产，保障人民健康具有十分重要的意义。

一、消毒方法

（一）物理消毒法

物理消毒法是利用物理因素杀灭或清除病原微生物或其他有害微生物的方法，用于消毒灭菌的物理因素有高温、紫外线、电离辐射、超声波、过滤等。常用的物理消毒方法有机械消毒、煮沸消毒、焚烧消毒、火焰消毒、阳光/紫外线消毒等。

1.机械消毒

机械消毒是指用清扫、洗刷、通风和过滤等手段机械清除病原体的方法，是最普通、最常用的消毒方法。它不能杀灭病原体，必须与其他消毒方法配合使用，才能取得良好的杀毒效果。

1）操作准备及方法

器具与防护用品准备：扫帚、铁锹、污物桶和喷壶、水管或喷雾器等，高筒靴、工作服、口罩、橡皮手套、毛巾、肥皂等。

人员准备：穿戴防护用品。

清扫：用清扫工具清除畜禽舍、场地、环境、道路等的粪便、垫料、剩余饲料、尘土、各种废弃物等污物。清扫前喷洒清水或消毒液，避免病原微生物随尘土飞扬。应按顺序清扫棚顶、墙壁、地面，先畜舍内、后畜舍外。清扫要全面彻底，不留死角。

洗刷：用清水或消毒溶液对地面、墙壁、饲槽、水槽、用具或动物体表等进行洗刷，或用高压水龙头冲洗，随着污物的清除，也清除了大量的病原微生物。冲洗要全面彻底。

通风：一般采取开启门窗、天窗，启动排风换气扇等方法进行通风。通风可排出畜舍内污秽的气体和水汽，在短时间内使舍内空气清洁、新鲜，减少空气中病原体数量，对预防经空气传播的传染病有一定的意义。

过滤：在动物舍的门窗、通风口处安置粉尘、微生物过滤网，阻止粉尘、病原微生物进入动物舍内，防止动物感染疫病。

2)注意事项

清扫、冲洗畜舍应先上后下(棚顶、墙壁、地面)，先内后外(先畜舍内、后畜舍外)。清扫时，为避免病原微生物随尘土飞扬，可采用湿式清扫法，即在清扫前先对清扫对象喷洒清水或消毒液，再进行清扫。

清扫出来的污物，应根据可能含有病原微生物的抵抗力，进行堆积发酵、掩埋、焚烧或其他方法进行无害化处理。

圈舍应当纵向或正压、过滤通风，避免圈舍排出的污秽气体、尘埃危害相邻的圈舍。

2.煮沸消毒

大部分芽孢病原微生物在100℃的沸水中迅速死亡。各种金属、木质、玻璃用具和衣物等都可以进行煮沸消毒。蒸汽消毒与煮沸消毒的效果相似，在农村一般利用铁锅和蒸笼进行。

3.焚烧消毒

焚烧是直接点燃或在焚烧炉内焚烧的方法。主要适用于传染病流行区的病死动物、尸体、垫料、污染物品等的消毒处理。

4.火焰消毒

火焰消毒是以火焰直接烧灼杀死病原微生物的方法，它能很快杀死所有病原微生物，是消毒效果非常好的一种消毒方法。

1)准备及方法

器械与防护用品准备：火焰喷灯、火焰消毒机等，工作服、口罩、帽子、手套等。

人员准备：穿戴防护用品。

清扫(清洗)消毒对象：水泥地面、金属栏和笼具等。

准备消毒用具：仔细检查火焰喷灯或火焰消毒机，添加燃油。

消毒：按一定顺序，用火焰喷灯或火焰消毒机进行火焰消毒。

2)注意事项

对金属栏和笼具等金属物品进行火焰消毒时不要喷烧过久，以免将被消毒物品烧坏。

消毒时要按顺序进行，以免发生遗漏。

注意防火。

5. 阳光/紫外线消毒

阳光是天然的消毒剂，一般病毒和非芽孢性病原菌在直射的阳光下几分钟至几小时可以杀死，阳光对于牧场、草地、畜栏、用具和物品等的消毒具有很大的实际意义，应充分利用；紫外线对革兰氏阴性菌、病毒效果较好，革兰氏阳性菌次之，对细菌芽孢无效，常用于实验室消毒。

（二）化学消毒法

化学消毒法是指应用各种化学药物抑制或杀灭病原微生物的方法，是最常用的消毒法，也是消毒工作的主要内容。常用化学消毒方法有刷洗、浸泡、喷洒、熏蒸、拌和、撒布、擦拭等。

1. 刷洗

用刷子蘸取消毒液进行刷洗，常用于饲槽、饮水槽等设备、用具的消毒。

2. 浸泡

将需消毒的物品浸泡在一定浓度的消毒药液中，浸泡一定时间后再拿出来。如将饲槽、饮水器等各种器具浸泡在0.5%～1%新洁尔灭中消毒。

3. 喷洒

将消毒药配制成一定浓度的溶液（消毒液必须充分溶解并进行过滤，以免药液中不溶性颗粒堵塞喷头，影响喷洒消毒），用喷雾器或喷壶对需要消毒的对象（畜舍、墙面、地面、道路等）进行喷洒消毒。可按以下步骤进行：

根据消毒对象和消毒目的，配制消毒药液。

清扫消毒对象。

检查喷雾器或喷壶。喷雾器使用前，应先对喷雾器各部位进行仔细检查，尤其应注意橡胶垫圈是否完好、严密，喷头有无堵塞等。喷洒前，先用清水试喷一下，证明一切正常后，将清水倒干，然后再加入配制好的消毒药液。

添加消毒药液，进行喷洒消毒。打气加压，当感觉有一定压力时，即可握住喷管，按下开关，边走边喷，还要一边打气加压，一边均匀喷雾。一般以“先里后外、先上后下”的顺序喷洒为宜，即先对动物舍的最里面、最上面（顶棚或天花板）喷洒，然后再对墙壁、设备和地面仔细喷洒，边喷边退，从里到外逐渐退至门口。

喷洒消毒用药量应视消毒对象结构和性质适当掌握。水泥地面、顶棚、砖混墙壁等，每平方米用药量控制在800 mL左右；土地面、土墙或砖土结构等，每平方米用药量1 000～1 200 mL；舍内设备每平方米用药量200～400 mL。

当喷雾结束时，倒出喷雾器内剩余消毒液再用清水冲洗干净，防止消毒剂对喷雾器的腐蚀，冲洗水要倒在废水池内。把喷雾器冲洗干净后内外擦干，保存于通风干燥处。

4. 熏蒸

常用福尔马林配合高锰酸钾进行熏蒸消毒。其优点是消毒较全面，省工省力，但要求动物舍能够密闭，消毒后有较浓的刺激气味，动物舍不能立即使用。

5. 拌和

1）拌和的用途

在对粪便、垃圾等污染物进行消毒时，将粉剂型消毒药品与其拌和均匀，堆放一定时间，可达到良好的消毒效果。如将漂白粉与粪便以 1∶5的比例拌和均匀，进行粪便消毒。

2）拌和的步骤

称量或估算消毒对象的重量，计算消毒药品的用量，进行称量。

按《兽医卫生防疫法》的要求，选择消毒对象的堆放地址。

将消毒药与消毒对象进行均匀拌和，完成后堆放一定时间即达到消毒目的。

6. 撒布

将粉剂型消毒药品均匀地撒布在消毒对象表面。如将消石灰撒布在阴湿地面、粪池周围及污水沟等处进行消毒。

7. 擦拭

擦拭是指用布块或毛刷浸蘸消毒液，在物体表面或动物、人员体表涂擦消毒。如用 0.1％的新洁尔灭洗手，用布块浸蘸消毒液擦洗母畜乳房，用布块蘸消毒液擦拭门窗、设备、用具和栏、笼等，用脱脂棉球浸湿消毒药液在猪、鸡体表皮肤、黏膜、伤口等处进行涂擦，用碘酊、酒精棉球涂擦消毒术部等，也可将消毒药膏剂涂布在动物体表进行消毒。

（三）生物学消毒

生物学消毒就是利用动物、植物、微生物及其代谢产物杀灭去除外环境中的病原微生物。主要用于土壤、水和动物体表面消毒处理。目前常用的是生物热消毒法。

生物热消毒法是利用微生物发酵产热以达到消毒目的的一种消毒方法，常用的有发酵池法、堆粪法等，常用于粪便、垫料等的消毒。

二、消毒液的配制

（一）常用的消毒药品及其用途

1. 甲醛

甲醛是一种广谱杀菌剂，对细菌繁殖体、芽孢、真菌和病毒均有效。浓度为

35%～40%的甲醛溶液称为福尔马林。

1)用于室内、器具的熏蒸消毒

用量：密闭的圈舍按每立方米 7～21 g 高锰酸钾加入 14～42 mL 福尔马林。

作用温度(室温)：一般不应低于 15℃。

相对湿度：60%～80%。

作用时间：7 h 以上。

2)用于地面消毒

浓度为 2%的甲醛水溶液，用于地面消毒，用量为每 100 m^2 13 mL。

2. 含氯消毒剂

无机氯如漂白粉、次氯酸钠、次氯酸钙等，有机氯如二氯异氰尿酸钠、三氯异氰尿酸、氯胺等。

1)漂白粉

用途：主要用于圈舍、饲槽、用具、车辆的消毒。

使用浓度：一般使用浓度为 5%～20%混悬液喷洒，有时可撒布其干燥粉末。饮水消毒时每升水中加入 0.3～1.5 g 漂白粉，还可起除臭作用。

注意事项：①漂白粉现用现配，贮存久了有效氯的含量逐渐降低。②不能用于有色棉织品和金属用具的消毒。③不可与易燃、易爆物品放在一起，应密闭保存于阴凉干燥处。④漂白粉有轻微毒性，使用浓溶液时应注意人畜安全。

2)二氯异氰尿酸钠

二氯异氰尿酸钠是一种广谱消毒剂，对细菌繁殖体、病毒、真菌孢子和细菌芽孢都有较强的杀灭作用。

3. 醇类消毒剂

用途：常用于皮肤、针头、体温计等消毒，用作溶媒时，可增强某些非挥发性消毒剂的杀微生物作用。

使用浓度：70%乙醇可杀灭细菌繁殖体；80%乙醇可降低肝炎病毒的传染性。

注意事项：本品易燃，不可接近火源。

4. 酚类消毒剂

酚类消毒剂包括六氯酚、煤酚皂等。

用途：主要用于畜舍、笼具、场地、车辆消毒。

使用浓度：一般使用浓度为 0.35%～1%的水溶液，严重污染的环境可适当加大浓度，增加喷洒次数。

注意事项：本品为有机酸，禁止与碱性药物混合。

5.过氧化物类

有过氧乙酸、过氧化氢、环氧乙烷、二氧化氯、臭氧等,其理化性质不稳定,但消毒后不留残毒是它们的优点。

过氧乙酸

用途:除金属制品外,可用于消毒各种物品。

使用浓度:0.5%水溶液喷洒消毒畜舍、饲槽、车辆等;0.04%~0.2%水溶液用于塑料、玻璃、搪瓷和橡胶制品的短时间浸泡消毒;5%水溶液 2.5 mL/m^3 喷雾消毒密闭的实验室、无菌间、仓库等;0.3%水溶液 30 mL/m^3 喷雾,可作 10 日龄以上雏鸡的带鸡消毒。

注意事项:市售成品 40%的水溶液性质不稳定,须低温避光保存。现用现配。

6.双胍类化合物

如洗必泰,0.05%~0.1%可用作口腔、伤口防腐剂;0.5% 洗必泰乙醇溶液可增强其杀菌效果,用于皮肤消毒;0.1%~4% 洗必泰溶液可用于洗手消毒。

7.含碘消毒剂

用途:常用于皮肤消毒。

使用浓度:2%的碘酊、0.2%~0.5%的碘伏常用于皮肤消毒;0.05%~0.1%的碘伏用于伤口、口腔消毒;0.02%~0.05%的碘伏用于阴道冲洗消毒。

8.高锰酸钾

用途:常用于伤口和体表消毒。

使用浓度:高锰酸钾为强氧化剂,0.01%~0.02%溶液可用于冲伤口;福尔马林加高锰酸钾熏蒸,用于物体表面消毒。

9.烧碱

用途:用于圈舍、饲槽、用具、运输工具等的消毒。

使用浓度:1%~2%的水溶液用于圈舍、饲槽、用具、运输工具的消毒;3%~5%的水溶液用于炭疽芽孢污染场地的消毒。

注意事项:①对金属物品有腐蚀作用,消毒完毕用水冲洗干净。②对皮肤、被毛、黏膜、衣物有强腐蚀和损坏作用,注意个人防护。③对畜禽圈舍和食具消毒时,须空圈或移出动物,消毒后间隔半天用水冲洗地面、饲槽后方可让其入舍。

10.草木灰水

用途:用于畜禽圈舍、运动场、墙壁及饲槽的消毒。效果同 1%~2%的烧碱。

使用温度:50~60℃。

（二）消毒液的配制

1.器械与防护用品准备

量器的准备：量筒、台秤、药勺、盛药容器（最好是耐腐蚀的搪瓷或塑料制品）、温度计等。

防护用品的准备：工作服、口罩、护目镜、橡皮手套、毛巾、肥皂等。

消毒药品的选择：依据消毒对象表面的性质和病原微生物的抵抗力，选择高效、低毒、使用方便、价格低廉的消毒药品。依据消毒对象面积（如动物舍内地面、墙壁的面积和空间大小等）计算消毒药用量。

2.配制方法

1)75％酒精溶液的配制

用量器取 95％医用酒精 789.5 mL，加蒸馏水（或纯净水）稀释至 1 000 mL，即为 75％酒精，配制完成后密闭保存。

2)5％氢氧化钠溶液的配制

称取 50 g 氢氧化钠，装入量器内，加入适量水（最好用 60～70℃热水），搅拌使其溶解，再加水至 1 000 mL，即得，配制完成后密闭保存。

3)0.1％高锰酸钾溶液的配制

称取 1 g 高锰酸钾，装入量器内，加水 1 000 mL，使其充分溶解即得。

4)3％来苏儿的配制

取来苏儿 3 份，放入量器内，加清水 97 份，混合均匀即成。

5)2％碘酊的配制

称取碘化钾 15 g，装入量器内，加蒸馏水 20 mL 溶解后，再加碘片 20 g 及乙醇 500 mL，搅拌使其充分溶解，再加入蒸馏水至 1 000 mL，搅匀，滤过，即得。

6)碘甘油的配制

称取碘化钾 10 g，加入 10 mL 蒸馏水溶解后，再加碘 10 g，搅拌使其充分溶解后，加入甘油至 1 000 mL，搅匀，即得。

7)熟石灰（消石灰）的配制

生石灰（氧化钙）1 kg，装入容器内，加水 350 mL，生成粉末状即为熟石灰，可撒布于阴湿地面、污水池、粪池周围等处消毒。

8)20％石灰乳的配制

1 kg 生石灰加 5 000 mL 水即为 20％石灰乳。配制时最好用陶瓷缸或木桶等。首先称取适量生石灰，装入容器内，把少量水（350 mL）缓慢加入生石灰内，稍停，等石灰变为粉末状的熟石灰时，再加入余下的 4 650 mL 水，搅匀即成 20％石灰乳。

9)草木灰水的配制

用新鲜干燥、筛过的草木灰 20 kg 加水 100 kg,煮沸 20～30 min(边煮边搅拌,草木灰因体积大,可分两次煮),去渣、补上蒸发的水分即可。

3.注意事项

选用适宜大小的量器,以免造成误差。

某些消毒药品(如生石灰)遇水会产热,应在耐热容器中配制。

配制消毒药品的容器必须刷洗干净,以防止残留物质与消毒药发生理化反应,影响消毒效果。

配制好的消毒液放置时间过长,大多数效力会降低或完全失效。因此,消毒药应现配现用。

做好个人防护,配制消毒液时应戴橡皮手套、穿工作服,严禁用手直接接触,以免灼伤。

三、影响消毒效果的因素

1.消毒药的种类

在使用消毒剂时,应因地制宜,根据所要杀灭的病原微生物特点、消毒对象的特点、环境温度、湿度、酸碱度等,选择对病原体消毒力强,对人畜毒性小,不损坏被消毒物体,易溶于水,在消毒环境中比较稳定,价廉易得,使用方便的消毒剂。如饮水消毒常选用漂白粉等;消毒畜禽体表时,应选择消毒效果好而又对畜禽无害的0.1%新洁尔灭、0.1%过氧乙酸等。如室温在16℃以上时,可用乳酸、过氧乙酸或甲醛熏蒸消毒;高锰酸钾与40%甲醛配合使用可用于清洁空舍的熏蒸消毒。

2.消毒方法

根据消毒药的性质和消毒对象的特点,选择喷洒、熏蒸、浸泡、洗刷、擦拭、撒布等适宜的消毒方法。

3.消毒剂的浓度与剂量

选择可有效杀灭病原微生物的消毒浓度,而且是达到要求的最低浓度。一般来说,消毒剂的浓度和消毒效果成正比,即消毒剂浓度越大,其消毒效力越强(但是70%～75%酒精比其他浓度酒精的消毒效力都强)。但浓度越大,对机体、器具的损伤或破坏作用也越大。因此,在消毒时,应根据消毒对象、消毒目的的需要,选择既有效而又安全的浓度,不可随意加大或减小药物的浓度。熏蒸消毒时,应根据消毒空间大小和消毒对象计算消毒剂用量。

科学地交替使用或配合使用消毒剂。根据不同消毒剂的特性、成分、作用原理,可选择多种消毒剂交替使用或配合使用。但在配合使用时,应注意药物间的配伍禁忌，防止配合后反应引起的减效或失效。如苯酚忌配合高锰酸钾、过氧化物；新洁尔灭忌与碘化钾、过氧乙酸等配伍使用。

4.环境温度、湿度

环境温度、湿度对消毒效果都有明显的影响，必须加以注意。一般来说，温度升高，消毒剂杀菌能力增强。湿度对许多气体消毒剂的消毒作用有明显的影响，直接喷撒消毒干粉剂消毒时，需要有较高的相对湿度，使药物潮解后才能充分发挥作用。

5.有机物的影响

饲料残渣、污物、排泄物（如粪便）、分泌物等对病原微生物有机械保护作用，从而降低消毒剂的消毒作用。因此，在使用消毒剂消毒时必须先将消毒对象（地面、设备、用具、墙壁等）清扫、洗刷干净，再使用消毒剂，使消毒剂能充分作用于消毒对象。

6.接触时间

消毒剂与病原微生物接触时间越长，杀死的病原微生物越多。因此，消毒时，要使消毒剂与消毒对象有足够的接触时间。

7.消毒操作规范

消毒剂只有接触病原微生物，才能将其杀灭。因此，喷洒消毒剂一定要均匀，每个角落都喷洒到位，避免操作不当，影响消毒效果。

四、器具消毒

（一）饲养用具的消毒

饲养用具包括饲槽、饮水器、料车、添料锹等，应定期进行消毒。

1.操作步骤

根据消毒对象不同，配制消毒药。

清扫（清洗）饲养用具，如饲槽应及时清理剩料，然后用清水进行清洗。

根据饲养用具的不同，可分别采用浸泡、喷洒、熏蒸等方法进行消毒。

2.注意事项

1）注意选择消毒方法和消毒药

饲养用具用途不同，应选择不同的消毒药，如笼舍消毒可选用福尔马林进行熏蒸，饲槽或饮水器一般选用过氧乙酸、高锰酸钾等进行消毒，金属器具可选用火焰消毒。

2）保证消毒时间

消毒药的性质不同，因此在消毒时，应注意不同消毒药的有效消毒时间，给予保证。

（二）运载工具的消毒

运载工具主要是车辆，一般根据用途不同，将车辆分为运料车、清污车、运送动物的车辆等。车辆的消毒主要是应用喷洒消毒法。

1.操作步骤

1）准备消毒药品

根据消毒对象和消毒目的不同，选择消毒药物，仔细称量后装入容器内进行配制。

2）清扫（清洗）运输工具

对运输工具进行清扫和清洗，去除污染物，如粪便、尿液、撒落的饲料等。

3）消毒

运输工具清洗后，根据消毒对象和消毒目的，选择适宜的消毒方法进行消毒，如喷雾消毒或火焰消毒。

2.注意事项

根据消毒对象，选择适宜的消毒方法。

消毒前一定要清扫（清洗）运输工具，保证运输工具表面黏附的污染物的清除，这样才能保证消毒效果。

进出疫区的运输工具要按照动物卫生防疫法要求进行消毒处理。

（三）医疗器具的消毒

1.注射器械的消毒

将注射器用清水冲洗干净。如为玻璃注射器，将针管与针芯分开，用纱布包好；如为金属注射器，拧松调节螺丝，抽出活塞，取出玻璃管，用纱布包好。针头用清水冲洗干净，成排插在多层纱布的夹层中。将清洗干净包装好的器械放入煮沸消毒器内灭菌。煮沸消毒时，水沸后保持15～30 min。灭菌后，放入无菌带盖搪瓷盘内备用。煮沸消毒的器械当日使用，超过保存期或打开后，需重新消毒后，方能使用。

2.刺种针的消毒

用清水洗净，高压或煮沸消毒。

3.饮水器的消毒

用清洁卫生水刷洗干净，用消毒液浸泡消毒，然后用清洁卫生的流水认真冲洗干净，不能有任何消毒剂、洗涤剂、抗菌药物、污物等残留。

4.点眼、滴鼻滴管的消毒

用清水洗净，高压或煮沸消毒。

5.喷雾器的清洗

喷雾免疫前，首先要用清洁卫生的水将喷雾器内桶、喷头和输液管清洗干净，不能有任何消毒剂、洗涤剂、铁锈和其他污物等残留；然后再用定量清水进行试喷，确定喷雾器的流量和雾滴大小，以便掌握喷雾免疫时来回走动的速度。

五、畜舍空气、粪便污物及污水消毒

（一）空气消毒

空气消毒方法有物理消毒法和化学消毒法。物理消毒法常用的有通风和紫外线照射两种方法。通风可减少室内空气中微生物的数量，但不能杀死微生物；紫外线照射可杀灭空气中的病原微生物。化学消毒法有喷雾和熏蒸两种方法。用于空气化学消毒的化学药品需具有迅速杀灭病原微生物、易溶于水、蒸气压低等特点，如常用的甲醛、过氧乙酸等，当进行加热时，便迅速挥发为气体，其气体具有杀菌作用，可杀灭空气中的病原微生物。

1.紫外线照射消毒

紫外灯能辐射出波长主要为 253.7 nm 的紫外线，杀菌能力强而且较稳定。紫外线对不同的微生物灭活所需的照射量不同。革兰氏阴性无芽孢杆菌最易被紫外线杀死，而杀死葡萄球菌和链球菌等革兰氏阳性菌照射量则需加大 5～10 倍。病毒对紫外线的抵抗力更大一些。需氧芽孢杆菌的芽孢对紫外线的抵抗力比其繁殖体要高许多倍。

1)操作步骤

消毒前准备：紫外线灯一般每 6～15 m^3空间安装一只，灯管距地面 2.5～3 m 为宜。紫外线灯于室内温度 10～15℃、相对湿度 40%～60%的环境中使用杀菌效果最佳。

将电源线正确接入电源，合上开关。

照射的时间应不少于 30 min，否则杀菌效果不佳或无效，达不到消毒的目的。

操作人员进入洁净区时应提前 10 min 关掉紫外灯。

2)注意事项

在固定光源情况下，被照物体越远，效果越差，因此应根据被照面积、距离等因素安装紫外线灯（一般距离被消毒物 2 m 左右）。

紫外线对不同的微生物有不同的致死剂量，消毒时应根据微生物的种类而选择适宜的照射时间。

紫外线对眼角膜、结膜和晶状体有损伤作用，对皮肤有刺激作用，所以人员应避免在紫外灯下工作，必要时需穿防护工作衣帽，并戴有色眼镜进行工作。

房间内存放着药物或原辅包装材料，而紫外灯开启后对其有影响，以及房间内有操作人员进行操作时，此房间不得开启紫外灯。

清洁紫外灯管时，应用毛巾蘸取无水乙醇擦拭，不得用手直接接触灯管表面。

紫外灯的杀菌强度会随着使用时间逐渐衰减，故应在其杀菌强度降至70%后，及时更换紫外灯，即紫外灯使用1 400 h后更换。

2.喷雾消毒

喷雾消毒是利用气泵将空气压缩，然后通过气雾发生器，使稀释的消毒剂形成一定大小的雾化粒子，均匀地悬浮于空气中，或均匀地覆盖于被消毒物体表面，达到消毒目的。

1）喷雾器的类别

喷雾器有两种，一种是手动喷雾器，另一种是机动喷雾器。手动喷雾器又有背携式、手压式两种，常用于小面积消毒。机动喷雾器又有背携式、担架式两种，常用于大面积消毒。

2）喷雾消毒的步骤

器械与防护用品准备：准备喷雾器、天平、量筒、容器等，高筒靴、防护服、口罩、护目镜、橡皮手套、毛巾、肥皂等。应根据污染病原微生物的抵抗力、消毒对象特点，选择高效低毒、使用简便、质量可靠、价格便宜、容易保存的消毒剂。

配制消毒药：根据消毒药的性质，进行消毒药的配制。将配制的适量消毒药装入喷雾器中，以八成为宜。

打气加压：感觉有一定抵抗力（反弹力）时即可喷洒。

喷洒：喷洒时将喷头高举空中，喷嘴向上以画圆圈的方式先内后外逐步喷洒，使药液如雾一样缓缓下落。要喷到屋顶、墙壁、地面，以均匀湿润和畜禽体表稍湿为宜，不适于带畜禽消毒的消毒药，不得直喷畜禽。喷出的雾粒直径应控制在80～120 μm，不要小于50 μm。

消毒完成后当喷雾器内压力很大时，先打开旁边的小螺丝放完气再打开桶盖，倒出剩余的药液，用清水将喷管、喷头和桶体冲干净，晾干或擦干后放在通风、阴凉、干燥处保存，切忌阳光暴晒。

3）注意事项

装药时，消毒剂中的不溶性杂质和沉渣不能进入喷雾器，以免在喷洒过程中出现喷头堵塞现象。

药物不能装得太满，以八成为宜；否则，不易打气加压或造成桶体爆裂。

气雾消毒效果的好坏与雾滴粒子大小以及雾滴均匀度密切相关。喷出的雾粒直径应控制在80～120 μm，过大易造成喷雾不均匀和畜禽舍太潮湿，且在空中下降速度太快，与空气中的病原微生物、尘埃接触不充分，起不到消毒空气的作用；雾粒太小则易被畜禽吸入肺泡，诱发呼吸道疾病。

喷雾时，房舍应密闭，关闭门、窗和通风口，减少空气流动。

喷雾过程中要时时注意喷雾质量，发现问题或喷雾出现故障，应立即停止操作，进行校正或维修。

使用者必须熟悉喷雾器的构造和性能，并按使用说明书操作。

喷雾完后，要用清水清洗喷雾器，让喷雾器充分干燥后，包装保存，注意防止腐蚀。不要用去污剂或消毒剂清洗容器内部。定期保养。

3.熏蒸消毒

1)操作步骤

药品、器械与防护用品准备：消毒药品可选用福尔马林、高锰酸钾粉、固体甲醛、烟熏百斯特、过氧乙酸等；准备温度计、湿度计、加热器、容器等器材，防护服、口罩、手套、护目镜等防护用品。

清洗消毒场所：先将需要熏蒸消毒的场所（畜禽舍、孵化器等）彻底清扫、冲洗干净。有机物的存在影响熏蒸消毒效果。

分配消毒容器：将盛装消毒剂用的容器均匀地摆放在待消毒的场所内，如动物舍长度超过 50 m，应每隔 20 m 放一个容器。所使用的容器必须是耐燃烧的，通常用陶瓷或搪瓷制品。

熏蒸：关闭所有门窗、排气孔。根据消毒空间大小，计算消毒药用量，进行熏蒸。

固体甲醛熏蒸：置于耐烧容器内，放在热源上加热，当温度达到 20℃时即可挥发出甲醛气体。畜禽舍 1.5 g/m^3，熏蒸 4 h，或 3 g/m^3，熏蒸 1 h；孵化室、种蛋、出雏室、出雏器 6 g/m^3，熏蒸 0.5 h；洗涤室、运雏箱、运货车 6 g/m^3，熏蒸 1 h。

烟熏百斯特熏蒸：每套（主剂＋副剂）可熏蒸 120～160 m^3，主剂与副剂混匀，置于耐烧容器内，点燃，熏蒸消毒 7～24 h。

高锰酸钾与福尔马林混合熏蒸：进行畜禽空舍消毒时，一般每立方米用福尔马林 14～42 mL、高锰酸钾 7～21 g、水 7～21 mL，熏蒸消毒 7～24 h。如果反应完全，则只剩下褐色干燥粉渣；如果残渣潮湿说明高锰酸钾用量不足；如果残渣呈紫色说明高锰酸钾加得太多。

过氧乙酸熏蒸：使用浓度是 3%～5%，每立方米用 2.5 mL，在相对湿度 60%～80%条件下，熏蒸 1～2 h。

2)注意事项

(1)注意操作人员的防护　在消毒时，消毒人员要戴好口罩、护目镜，穿好防护服，防止消毒液损伤皮肤和黏膜，刺激眼睛。

(2)甲醛或高锰酸钾与福尔马林消毒的注意事项　甲醛熏蒸消毒必须有适宜的温度和相对湿度:温度 18～25℃较为适宜;相对湿度 60%～80%较为适宜。室温不能低于 15℃,相对湿度不能低于 50%。如消毒结束后甲醛气味过浓,可用浓氨水(2～5 mL/m^3)加热蒸发以中和甲醛,清除甲醛的刺激性。

用高锰酸钾与福尔马林熏蒸消毒时,使用的容器容积应比福尔马林溶液用量大 10 倍,必须先放高锰酸钾,后加福尔马林溶液,加入后人员要迅速离开。

(3)过氧乙酸消毒的注意事项　过氧乙酸性质不稳定,容易自然分解,因此,过氧乙酸应现用现配。

(二)粪便污物消毒

粪便污物消毒方法有生物热消毒法、掩埋消毒法、焚烧消毒法和化学药品消毒法。

1. 生物热消毒法

生物热消毒法是一种最常用的粪便污物消毒法。这种方法能杀灭除细菌芽孢外的所有病原微生物,并且不丧失肥料的应用价值。粪便污物生物热消毒的基本原理是,将收集的粪便堆积起来后,粪便中便形成了缺氧环境,粪中的嗜热厌氧微生物在缺氧环境中大量生长并产生热量,能使粪中温度达 60～75℃,这样就可以杀死粪便中的病毒、细菌(不能杀死芽孢)、寄生虫卵等病原体。此种方法通常有发酵池法和堆粪法两种。

1)发酵池法

适用于动物养殖场,多用于稀粪便的发酵。

在距离饲养场 200～250 m 以外,远离居民区、河流、水井等的地方挖两个或两个以上的发酵池(根据粪便的多少而定)。消毒池可以筑成圆形或方形。池的边缘与池底用砖砌后再抹以水泥,使其不渗漏。如果土质干固,地下水位低,也可不用砖和水泥。先在池底放一层干粪,然后将每天清除出的粪便、垫草、污物等倒入池内。快满的时候在粪的表面铺层干粪或杂草,上面再用一层泥土封好,如条件许可,可用木板盖上,以利于发酵和保持卫生。经 1～3 个月,即可出粪清池。在此期间每天清除的粪便可倒入另一个发酵池,如此轮换使用。

2)堆粪法

适用于干固粪便的发酵消毒处理。

在距畜禽饲养场 200～250 m 以外,远离居民区、河流、水井等的平地上设一个堆粪场,挖一个宽 1.5～2.5 m,深约 20 cm,长度视粪便量的多少而定的浅坑。先在坑底放一层 25 cm 厚的无传染病污染的粪便或干草,其上堆放准备要消毒的粪便、垫草、污物等。堆到 1～1.5 m 高度时,在欲消毒粪便的外面再铺上 10 cm 厚的非传染性干粪或谷草(稻草等),最后再覆盖10 cm厚的泥土。密封发酵,夏季2个月,冬季3个月以上,即可出粪清坑。粪便较稀时应加些杂草,太干时倒入稀粪或加水,使其干湿适当,以促使其迅速发热。

注意事项:①发酵池和堆粪场应远离学校、公共场所、居民住宅区、动物饲养和屠宰场所、村庄、饮用水源地、河流等。②发酵池应坚固,不渗漏。③注意生物热消毒法的适用范围。

2.掩埋消毒法

此种方法简单易行,但缺点是粪便和污物中的病原微生物可渗入地下水,污染水源,并且损失肥料。适合于少量不含细菌芽孢的粪便。

1)操作步骤

消毒前准备漂白粉或新鲜的生石灰,高筒靴、防护服、口罩、橡皮手套,铁锹等。将粪便与漂白粉或新鲜的生石灰混合均匀。混合后深埋在地下2 m左右之处。

2)注意事项

掩埋地点应远离学校、公共场所、居民住宅区、村庄、饮用水源地、河流等,地势高燥,地下水位较低。

注意掩埋消毒法的适用范围。

3.焚烧消毒法

焚烧消毒法是消灭一切病原微生物最有效的方法,故用于消毒最危险的传染病畜禽粪便(如炭疽、牛瘟等)。可用焚烧炉,如无焚烧炉,可以挖掘焚烧坑,进行焚烧消毒。

1)操作步骤

消毒前准备燃料、高筒靴、防护服、口罩、橡皮手套、铁梁等。

挖坑,坑宽75～100 cm,深75 cm,长以粪便多少而定。

在距坑底40～50 cm处加一层铁梁(铁梁密度以不使粪便漏下为度),铁梁下放燃料,梁上放欲消毒粪便。如粪便太湿,可混一些干草,以便烧毁。

2)注意事项

焚烧产生的烟气应采取有效的净化措施,防止一氧化碳、烟尘、恶臭等对周围大气环境的污染。

焚烧时应注意安全,防止火灾。

4.化学药品消毒法

用化学消毒药品,如含2%～5%有效氯的漂白粉溶液、20%石灰乳等消毒粪便。这种方法既麻烦,又难达到消毒的目的,故实践中不常用。

（三）污水消毒

污水中可能含有有害物质和病原微生物，如不经处理，任意排放，将污染江、河、湖、海和地下水，直接影响工业用水和生活用水的质量，甚至造成疫病传播，危害人、畜健康。污水的处理分为物理处理法（机械处理法）、生物处理法和化学处理法三种。

1. 物理处理法

物理处理法也称机械处理法，是污水的预处理（初级处理或一级处理）。物理处理主要是去除可沉淀或上浮的固体物，从而减轻二级处理的负荷。最常用的是筛滤、隔油、沉淀等机械处理方法。筛滤是用金属筛板、平行金属栅条筛板或金属丝编织的筛网，来阻留悬浮固体碎屑等较大的物体。隔油就是分离出污水中颗粒较大的悬浮油。经过筛滤、隔油处理的污水，再经过沉淀池进行沉淀，然后进入生物处理或化学处理阶段。

2. 生物处理法

生物处理法是利用自然界的大量微生物（主要是细菌）氧化分解有机物的能力，除去污水中呈胶体状态的有机污染物质，使其转化为稳定、无害的低分子水溶性物质、低分子气体和无机盐。根据微生物作用的不同，生物处理法又分为好氧生物处理法和厌氧生物处理法。好氧生物处理法是在有氧的条件下，借助于好氧菌和兼性厌氧菌的作用来净化污水的方法。大部分污水的生物处理都属于好氧处理，如活性污泥法、生物过滤法、生物转盘法。厌氧生物处理法是在无氧条件下，借助于厌氧菌的作用来净化污水的方法，如厌氧消化法。

3. 化学处理法

经过生物处理后的污水一般还含有大量的菌类，特别是屠宰污水含有大量的病原菌，需经消毒药物处理后，方可排出。常用的方法是氯化消毒，将液态氯转变为气体，通入消毒池，可杀死 99% 以上的有害细菌。也可用漂白粉消毒，即每 1 000 L 水中加有效氯 0.5 kg。

六、养殖场的消毒

养殖场消毒的目的是消灭传染源散播于外界环境中的病原微生物，切断传播途径，阻止疫病继续蔓延。养殖场应建立切实可行的消毒制度，定期进行消毒。

1. 入场消毒

养殖场大门入口处设立消毒池（池宽同大门，长为机动车轮一周半），内放 2% 氢氧化钠液，每半个月更换一次。大门入口处设消毒室，室内两侧、顶壁设紫外线灯，一切人员都要在此用漫射紫外线照射 5～10 min。进入生产区的工作人员，必须更换场区工作服、工作鞋，通过消毒池进入自己的工作区域，严禁相互串舍（圈）。不准带入可能污染的畜产品或物品。

2. 畜舍消毒

畜舍除保持干燥、通风、冬暖夏凉以外，平时还应做好消毒。一般分两个步骤进行：第一步机械清扫。畜舍及运动场应每天打扫，保持清洁卫生，料槽、水槽干净。第二步消毒。应每周消毒一次。圈舍内可用 0.3%～0.5%过氧乙酸做舍内环境和物品的喷洒消毒或加热做熏蒸消毒（每立方米空间用 2～5 mL）。

空畜舍的常规消毒程序：首先彻底清扫粪尿。用 2%氢氧化钠喷洒和刷洗墙壁、笼架、槽具、地面，消毒 1～2 h 后，用清水冲洗干净，待干燥后，用 0.3%～0.5%过氧乙酸喷洒消毒。对于密闭畜舍，还应用甲醛熏蒸消毒。

3. 畜舍外环境消毒

畜舍外环境及道路要定期进行消毒，填平低洼地，铲除杂草，灭鼠、灭蚊蝇、防鸟等。

4. 生产区专用设备等消毒

生产区专用送料车每周消毒一次，可用 0.3%过氧乙酸溶液喷雾消毒。进入生产区的物品、用具器械、药品等要通过专门消毒后才能进入畜舍，可用紫外线照射消毒。

5. 尸体处理

尸体可用掩埋法、焚烧法等方法进行消毒处理。掩埋应选择离养殖场 100 m 之外的无人区，找土质干燥、地势高、地下水位低的地方挖坑，坑底部撒上生石灰，再放入尸体，放一层尸体撒一层生石灰，最后填土夯实。

6. 注意事项

养殖场大门、生产区和畜舍入口处都要设置消毒池，内放火碱液，一般 10～15 天更换新配的消毒液。畜舍内用具消毒前一定要先彻底清扫粪尿。

尽可能选用广谱的消毒剂或根据特定的病原体选用对其作用最强的消毒药。消毒药的稀释度要准确，应保证消毒药能有效杀灭病原微生物，并要防止腐蚀、中毒等问题的发生。

有条件或必要的情况下，应对消毒质量进行监测，检测各种消毒药的使用方法和效果。

注意消毒药之间的相互作用，防止互作使药效降低。

不准任意将两种不同的消毒药物混合使用或同时使用两种不同的消毒药物消毒同一种物品，因为两种消毒药合用时常因物理或化学配伍禁忌而使药物失效。

消毒药物应定期替换，不要长时间使用同一种消毒药物，以免病原菌产生耐药性，影响消毒效果。

七、孵化场的消毒

孵化场卫生状况直接影响种蛋孵化率、健雏率及雏鸡的成活率。一个合格的受精蛋孵化为健康的雏鸡，要求在整个孵化过程中所有与之有关的设备、用具都必须是清洁、卫生的。

孵化场的消毒包括人员、种蛋、设备、用具、空气、墙壁、地面的消毒。

1.人员的消毒

孵化场的人员进出孵化室必须消毒，其他外来人员一律不准进入。要求在大门口内设二门，门口设消毒池，池内经常更换消毒液，二门内设淋浴室及更衣室。工作人员进入时需脚踏消毒池，入二门后淋浴，更换工作服后方可进入。工作服应定期清洗、消毒。消毒池内可用2%的火碱水；服装可用百毒杀等洗涤后用紫外线照射消毒。从事码蛋、照蛋、落盘、注射、鉴别的人员工作前及工作中用药液洗手。

2.种蛋的消毒

首先要选择来源于健康无病的种鸡群且没有受到任何污染的种蛋。种蛋从鸡舍收集后进行筛选，剔除粪蛋、脏蛋及不合格蛋后将种蛋放入干净消过毒的镂空蛋托上立即消毒。种蛋正式孵化前，一般需要消毒两次，第一次在集蛋后进行，第二次在加热孵化前。一般每天收集种蛋2～4次，每次收集后立即放入专用消毒柜或消毒橱内，用福尔马林、高锰酸钾熏蒸消毒。每立方米空间用福尔马林30 mL，高锰酸钾15 g，熏蒸15～20 min，在密闭、温热（温度25℃）、湿润（湿度为60%）、有风扇的条件下效果较好。种蛋库每周定期清扫和消毒，最好用拖布打扫，用熏蒸法消毒，或用0.05%新洁尔灭消毒。种蛋库保持温度在12～16℃、湿度70%～80%为宜。种蛋入孵到孵化器，但尚未加温前，再消毒一次，方法同第一次。要特别注意的是种蛋“出汗”后不要立即消毒，要等种蛋干燥后再用此方法消毒。另外，入孵24～96 h的种蛋不能用上述方法消毒。

3.孵化设备及用具的消毒

孵化器的顶部和四周易积飞尘和绒毛，要由专门值班员每天擦拭一次，最好用湿布，避免飞尘等飞扬。每批种蛋由孵化器出雏器转出后，将蛋盘、蛋车、周转箱全部取出冲洗，孵化器里外打扫干净，断电后用清水冲洗干净，包括孵化器顶部、四壁、地面、加湿器等，然后将干净的蛋车、蛋盘放入孵化器消毒。可以喷洒0.05%的新洁尔灭、0.05%的百毒杀，也可以用福尔马林42 mL、高锰酸钾21 g进行熏蒸消毒。雏鸡注射用针、针头、镊子等需用高温蒸煮消毒。

4.空气及墙壁、地面的消毒

由于种蛋和进入人员易将病原菌带入孵化场，出雏时绒毛和飞尘也易散播病菌，而孵化室内气温较高，湿度较大，宜于细菌繁殖，所以孵化室内空气的卫生消毒十分重要。首先要将孵化器与出雏器分开设置，中间设隔墙及门。1～19 胚龄的胚胎在孵化器中，19～21.5 胚龄转入出雏器中出雏，21.5 天后雏鸡转入专门的雏鸡存放室。其次孵化室要设置足够大功率的排风扇，排出污浊的空气。每台孵化器及出雏器要设置通风管道与风门相接，将其中的废气直接排出室外。出雏室在出雏时及出完后都要开排风扇，有条件的孵化场还可以设置绒毛收集器以净化空气。每出完一批鸡都要对整个出雏室彻底打扫消毒一次，包括屋顶、墙壁及整个出雏室。程序为清扫—高压冲洗—消毒。消毒用 0.05%的新洁尔灭或 0.05%的百毒杀或 0.1%的碘伏喷洒。

5.注意事项

遵守消毒的原则和程序。

不同的消毒药物有着不同的消毒对象，选择时应加以注意。

注意孵化用具的定期消毒和随时消毒。

八、隔离场的消毒

隔离场使用前后，货主用口岸动植物检疫机关指定的消毒药物按动植物检疫机关的要求进行消毒，并接受口岸动植物检疫机关的监督。

1.运输工具的消毒

装载动物的车辆、器具及所有用具须经消毒后方可进出隔离场。

2.铺垫材料的消毒

运输动物的铺垫材料须进行无害化处理，可采用焚烧法进行消毒。

3.人员的消毒

工作人员、饲养人员及经动植物检疫机关批准的其他人员进出隔离区，均须消毒、淋浴、更衣，经消毒池、消毒道出入。隔离场饲养人员须专职。

4.畜舍和周围环境的消毒

保持动物体、畜舍(池)和所有用具的清洁卫生，定期清洗、消毒，做好灭鼠、防毒等工作。

5.死亡和患有特定传染病动物的消毒

发现可疑患病动物或死亡的动物，应迅速报告口岸动植物检疫机关，并立即对患病动物停留过的地方和污染的用具、物品进行消毒，患病(死亡)动物按照相关规定进行消毒处理。

6.动物排泄物及污染物的消毒

隔离动物的粪便、垫料及污物、污水须经无害化处理后方可排出隔离场。

7.注意事项

经常更换消毒液,保持有效浓度。

病死动物的消毒处理应按照有关的法律法规进行。

工作人员进出隔离场必须遵守严格的消毒程序。

第六节　动物疫病诊断实用技术

一、重大动物疫病

(一)高致病性禽流感

由正黏病毒科流感病毒属A型流感病毒中的高致病性毒株引起的以禽类为主的一种急性、高度致死性传染病。

1.流行病学特点

多种禽类易感,特别是鸡。传染源主要为病禽或带毒禽。一年四季均可发生,但多发生于季节交替之时。

2.临床症状

急性发病死亡或不明原因死亡,潜伏期从几小时到数天,最长可达21天。

病鸡脚部鳞片有红色或紫黑色出血。鸡冠出血或发绀,头部和面部水肿。眼结膜发炎,眼、鼻腔有较多浆液性或黏液性或脓性分泌物。水禽可见神经和腹泻症状,有时可见角膜炎甚至失明。产蛋突然下降。

3.病理变化

内脏器官和皮肤有各种水肿、出血和坏死。出血在心外膜、胸肌、腺胃和肌胃的黏膜尤为突出。腺胃黏液增多,心冠及腹部脂肪出血,胰腺、脾脏和心肌组织常见坏死灶。

4.实验室诊断

病原学诊断:反转录-聚合酶链式反应(RT-PCR)、荧光反转录-聚合酶链式反应。

血清学诊断:血凝及血凝抑制试验、间接酶联免疫吸附试验。

(二)口蹄疫

口蹄疫是由口蹄疫病毒引起的一种急性、热性、高度接触性传染病。该病的临诊特征是传播速度快、流行范围广。

1.流行病学特点

口蹄疫病毒以偶蹄动物的易感性较高。家畜以牛易感,其次是猪,再次为绵羊、山羊。仔猪和犊牛不但易感且死亡率高。马属动物不会感染口蹄疫。

传染源主要为潜伏期感染及临床发病动物。感染动物呼出物、唾液、粪便、尿液、乳、精液及肉和副产品均可带毒。康复期动物可带毒。

易感动物可通过呼吸道、消化道、生殖道和伤口感染病毒,通常以直接或间接接触(飞沫等)方式传播,或通过人或犬、蝇、蜱、鸟等动物媒介,或经车辆、器具等被污染物传播。如果环境气候适宜,病毒可随风远距离传播。一年四季均可发生。

2.临床症状

成年动物感染后体温升高,口腔黏膜、蹄部和乳房等处的皮肤形成水疱、发生糜烂,但死亡率低;幼龄动物感染后多因心肌炎突发死亡且死亡率高。

猪:临床以蹄冠、蹄叉、蹄踵、鼻端发生水疱,体温升高至 41～42℃,拒食,跛行,进行性消瘦为主要特征。愈大愈肥的猪跛行和消瘦愈明显,常表现卧地不起,不能站立,跪地爬行。病情严重者蹄匣脱落。

牛:体温升高,精神抑郁,脉搏加快,结膜潮红,反刍减弱或数量减少。继之口腔黏膜潮红、干燥、发热,出现全身症状,随即迅速发生口腔病变,呆立流涎。

羊:绵羊常成群发病,多数呈一过性,症状轻微,有时不易被察觉。仔细检查时可见唇和颊部有米粒大小的水疱。山羊患病也较轻微,症状和绵羊相同,偶尔也可见到严重病例。奶山羊口蹄疫常出现典型口蹄疫症状。

3.病理变化

在口腔、蹄部有水疱和烂斑;消化道可见水疱、溃疡;胃肠有出血性炎症;肺呈浆液性浸润。

幼龄动物可在心肌切面上见到灰白色或淡黄色条纹与正常心肌相伴而行,如同虎皮状斑纹,俗称"虎斑心"。

4.实验室诊断

病原学诊断:反转录-聚合酶链式反应(RT-PCR)。

血清学诊断:正向间接血凝试验(IHA)、液相阻断 ELISA。

(三)小反刍兽疫

小反刍兽疫俗称羊瘟,是由小反刍兽疫病毒引起的一种急性病毒性传染病。

1.流行病学特点

主要感染山羊、绵羊、美国白尾鹿等小反刍动物，病畜的分泌物和排泄物是传染源。一年四季均可发生。

2.临床症状

自然发病仅见于山羊和绵羊。一些康复山羊的唇部形成口疮样病变。感染动物临诊症状与牛瘟病牛相似。

急性型体温可上升至41℃，并持续3～5天。感染动物流黏液脓性鼻漏，呼出恶臭气体。在发热的前4天，口腔黏膜充血，颊黏膜进行性广泛性损害、导致多涎，随后出现坏死性病灶，开始口腔黏膜出现小的粗糙的红色浅表坏死病灶，以后变成粉红色，感染部位包括下唇、下齿龈等处。严重病例可见坏死病灶波及齿垫、腭、颊部及其乳头、舌头等处。

后期出现带血水样腹泻，严重脱水，消瘦，随之体温下降。出现咳嗽、呼吸异常。发病率高达100%，在严重暴发时，死亡率为100%，在轻度发生时，死亡率不超过50%。幼年动物发病严重，发病率和死亡率都很高。

3.病理变化

口腔和鼻腔黏膜糜烂、坏死。支气管肺炎。坏死性和出血性肠炎，呈斑马状条纹。淋巴结水肿，脾脏可出现坏死性病变。

4.实验室诊断

病原学诊断：反转录-聚合酶链式反应（PT-PCR）。

血清学诊断：酶联免疫吸附试验。

（四）高致病性猪蓝耳病

高致病性猪蓝耳病是由猪繁殖与呼吸综合征病毒变异株引起的一种急性高致病性传染病。

1.流行病学特点

传染源主要为感染猪及康复猪。一年四季均可发生，高热高湿季节发病率较其他时节有明显增高。

2.临床症状

以高度接触性传播、全身出血、肺部实变和母猪繁殖障碍为特征，仔猪、育肥猪和成年猪均可发病和死亡，育肥猪也可发病死亡是其特征。猪群突然发病，精神沉郁，食欲下降或废绝；体温明显升高，可达41℃以上；有眼结膜和呼吸道症状；母猪流产，产弱仔、死胎、木乃伊胎。

3.病理变化

肺水肿、出血、淤血，以心叶、尖叶为主的灶性暗红色实变；扁桃体出血、化脓；

脑出血、淤血，有胶冻样物质渗出；心肌出血、坏死；脾脏边缘或表面出现梗死灶；淋巴结出血；肾脏土黄色，表面可见针尖至小米粒大出血斑点。

4.实验室诊断

1)样品采集

血清学检测可采集被检猪血液，分离血清。

病原学检测可采集肺、扁桃体、淋巴结和脾等各种组织样品。

2)常用诊断方法

酶联免疫吸附试验。

(五)猪瘟

猪瘟是由猪瘟病毒引起的一种急性、热性、接触性传染病，俗称“烂肠瘟”，具有高度传染性和致死性。

1.流行病学特点

本病在自然条件下只感染猪，不同年龄、性别、品种的猪和野猪都易感。一年四季均可发生。病猪是主要传染源，病猪排泄物和分泌物都可散播病毒。猪瘟的传播主要通过接触，经消化道感染。此外，患病和弱毒株感染的母猪也可以经胎盘垂直感染胎儿。

2.临床症状

潜伏期一般为5～7天，根据临床症状可分为急性型、慢性型和温和型三种类型。

1)急性型

病猪常无明显症状，突然死亡，一般出现在初发病地区和流行初期。病猪精神差，发热，体温在40～42℃之间，呈现稽留热，喜卧、拱背、寒战及行走摇晃。食欲减退或废绝，喜欢饮水，有的发生呕吐。结膜发炎，流脓性分泌物，将上下眼睑粘住，不能张开。鼻流脓性鼻液。初期便秘，干硬的粪球表面附有大量白色的肠黏液，后期腹泻，粪便恶臭，带有黏液或血液。病猪的鼻端、耳后根、腹部及四肢内侧的皮肤及齿龈、唇内、肛门等处黏膜出现针尖状出血点，指压不褪色，腹股沟淋巴结肿大。公猪包皮发炎，阴鞘积尿。小猪可出现神经症状，表现磨牙、后退、转圈、强直、侧卧及游泳状，甚至昏迷等。

2)慢性型

多由急性型转变而来，体温时高时低，食欲不振，便秘与腹泻交替出现，逐渐消瘦、贫血，衰弱，被毛粗乱，行走时两后肢摇晃无力，步态不稳。有些病猪的耳尖、尾端和四肢下部呈蓝紫色。病程可长达一个月以上，最后衰弱死亡，死亡率极高。

3)温和型

温和型猪瘟又称非典型猪瘟，主要发生于断奶后的仔猪及架子猪，症状表现轻微、不典型，病情缓和，病理变化不明显，病程较长。体温稽留在40℃左右。皮肤无出血小点，但有淤血和坏死。食欲时好时坏，粪便时干时稀。病猪十分瘦弱，致死率较高，也有耐过的，但生长发育严重受阻。

3.病理变化

全身皮肤、浆膜、黏膜和内脏器官有不同程度的出血。全身淋巴结肿胀、多汁、充血、出血，外表呈现紫黑色，切面如大理石状。肾脏色淡，皮质有针尖至小米状的出血点。脾脏有梗死，以边缘多见，呈色黑小紫块。喉头黏膜及扁桃体出血。膀胱黏膜有散在的出血点。胃、肠黏膜呈卡他性炎症。大肠的回盲瓣处形成纽扣状溃疡。

4.实验室诊断

1)样品采集

血清学检测可采集被检猪血液，分离血清。

病原学检测活体采样要用扁桃体采样器采集扁桃体；病死猪可采集肺、扁桃体、淋巴结和脾等各种组织样品。

2)常用诊断方法

酶联免疫吸附试验。

二、人畜共患传染病

(一)布鲁氏菌病

布鲁氏菌病也称波状热，是由布鲁氏菌引起的急性或慢性人畜共患传染病，属自然疫源性疾病。

1.流行病学特点

本病的主要传染源为病畜及带菌者(包括野生动物)，最危险的为受感染的妊娠母畜。在我国，羊为主要传染源，其次为牛和猪。本病可由牛、羊、猪传染给其他家畜和人，但一般不由人传染于人。

家畜得本病后，早期往往导致流产或死胎，流产后的阴道分泌物特别具传染性，其皮毛、各脏器、胎盘、羊水、胎畜、乳汁、尿液也常染菌。

2.临床症状

母畜最明显的症状为流产，其他症状还有乳房炎。公畜最明显的症状是睾丸炎和附睾炎，临诊常见症状还有关节炎。

3.病理变化

增生反应：全身各器官中淋巴细胞增生。淋巴结、脾脏、肝脏、肾脏、肺脏等器官中，形成特殊肉芽肿(布鲁氏菌病结节)。

流产胎儿主要呈败血症病变。公畜睾丸和附睾有坏死灶和化脓灶。

4.实验室诊断

1)样品采集

对疑似布鲁氏菌病的动物,一般可采集静脉血,按常规方法分离血清后用于血清学检测;可采集其乳汁或精液用于聚合酶链式反应检测。

2)常用诊断方法

琥红平板凝集试验、琥红试管凝集试验。

(二)结核病

结核病是由结核分枝杆菌引起的一种人兽共患的慢性传染病,我国将其列为二类动物疫病。

1.流行病学特点

结核病畜是主要传染源。结核杆菌在机体中分布于各个器官的病灶内,病畜能由粪便、乳汁、尿及气管分泌物排出病菌,污染周围环境而散布传染。

主要经呼吸道和消化道传染,也可经胎盘传播或交配感染。

2.临床症状

潜伏期一般为10～15天,有时达数月以上。病程呈慢性经过,表现为进行性消瘦,咳嗽、呼吸困难,体温一般正常。以肺结核、乳房结核和肠结核最为常见。

3.病理变化

特征病变是在肺脏及其他被侵害的组织器官形成白色的结核结节。结核结节呈粟粒大至豌豆大,灰白色、半透明状,较坚硬,多为散在。在胸膜和腹膜的结节密集状似珍珠,俗称"珍珠病"。病期较久的,结节中心发生干酪样坏死或钙化,或形成脓腔和空洞。

4.实验室诊断

诊断方法为结核菌素试验。

(三)炭疽

炭疽是由炭疽杆菌引起的急性、热性、败血性传染病。主要为食草动物(牛、羊、马等)的传染病。人接触患炭疽的动物后,可以受染而患病。

1.流行病学特点

本病为人畜共患病,食草动物最易感,其次是杂食动物,再次是肉食动物。不同品种、年龄、性别的动物对本病都有不同程度的易感性。

患病动物是本病主要的传染源,其他如因患炭疽而死亡的动物尸体及被污染的土壤、草地、水源或牧场都是传染源。

本病通过采食污染的饲料、牧草和饮水经消化道感染，一年四季均可发生，呈地方流行。

2. 临床症状

呈急性经过，多以突然死亡、天然孔出血、尸僵不全为特征。牛体温升高常达41℃以上，可视黏膜呈暗紫色，心动过速，呼吸困难。猪多为局限性变化，呈慢性经过，临床症状不明显，常在宰后见病变。

3. 病理变化

皮下及浆膜下结缔组织出血性浸润，脾脏显著肿大，皮肤坏死、溃疡，血液凝固不良。

4. 实验室诊断

血清学试验：常用炭疽环状沉淀试验。

（四）狂犬病

狂犬病是由狂犬病毒所致的急性传染病，人兽共患，多见于犬、狼、猫等肉食动物，人多因被病兽咬伤而感染。

1. 流行病学特点

狂犬病病犬是家畜和人的主要传染源。咬伤是动物狂犬病种内和畜间的主要传播途径，在少数情况下，也可由病犬、病猫舔触健康动物伤口而感染。

2. 临床症状

潜伏期长短不一。临床表现为特有的恐水、怕风、咽肌痉挛、进行性瘫痪等。因恐水症状比较突出，故本病又名恐水症。

3. 病理变化

主要为急性弥漫性脑脊髓炎，脑膜多正常。

4. 实验室诊断

采用 PCR 法测定 RNA，唾液、脑脊液或颈后带毛囊的皮肤组织标本检查的阳性率较高。

（五）流行性乙型脑炎

流行性乙型脑炎又名日本乙型脑炎，是由日本乙型脑炎病毒引起的一种急性人兽共患传染病。猪主要特征为高热、流产、死胎和睾丸炎。

1. 流行病学特点

乙型脑炎是自然疫源性疫病，许多动物感染后可成为本病的传染源，猪的感染最为普遍。本病主要通过蚊的叮咬进行传播，有明显的季节性，多发生在 7、8、9 三个月。

2.临床症状

猪常突然发生，体温升至40～41℃，稽留热，病猪精神萎靡，食欲减少或废绝，粪干呈球状，表面附着灰白色黏液；有的猪后肢呈轻度麻痹，步态不稳，关节肿大，跛行；有的病猪视力障碍；最后麻痹死亡。妊娠母猪突然发生流产，产出死胎、木乃伊和弱胎。公猪除有一般症状外，常发生一侧性睾丸肿大，有的睾丸变小变硬，失去配种繁殖能力。

3.病理变化

流产胎儿脑水肿，皮下血样浸润，肌肉似水煮样，腹水增多。木乃伊胎儿从拇指大小到正常大小。病猪肝、脾、肾有坏死灶；全身淋巴结出血；肺淤血、水肿。子宫黏膜充血、出血，有黏液。胎盘水肿或见出血。公猪睾丸实质充血、出血，有小坏死灶；睾丸硬化者，体积缩小，与阴囊粘连，实质结缔组织化。

4.实验室诊断

血清学抗体检测。

（六）猪链球菌病

猪链球菌病是由溶血性链球菌引起的人兽共患传染病。

1.流行病学特点

本病一年四季均可发生，但以春、秋季多发。可经呼吸道和消化道感染。败血型以架子猪和母猪发病率高；关节炎型多见于仔猪和架子猪；化脓性淋巴结炎型多见于仔猪。

2.临床症状

急性型常发生出血性败血症和脑炎。

慢性型常发生关节炎、心内膜炎及淋巴结脓肿。

3.病理变化

鼻黏膜、喉头、气管充血或出血。

脾肿大，呈暗红色，边缘有黑红色出血性梗死区。

关节腔内有黄色胶冻样或纤维素性、脓性渗出物。

4.实验室诊断

PCR。

三、常见禽病

（一）新城疫

新城疫是由新城疫病毒引起的一种急性、热性、败血性和高度接触性传染病。

1.流行病学特点

主要发生在鸡和火鸡。传染源是病鸡和带毒鸡的粪便及口腔黏液。污染的饲料、饮水和尘土经消化道、呼吸道或结膜传染易感鸡是主要的传播方式。带毒的鸽、麻雀的传播对本病都具有重要的流行病学意义。

2.临床症状

对于非免疫鸡群或严重免疫失败鸡群,可引起典型新城疫暴发。鸡群突然发病,常未表现特征症状便迅速死亡。发病率和死亡率可达90%以上。随后出现甩头,张口呼吸,气管内水泡音,结膜炎,精神委顿,嗜睡,嗉囊内积有液体和气体,口腔内有黏液,倒提病鸡可见从口中流出酸臭液体。病鸡拉稀,粪便呈黄绿色。体温升高,食欲废绝。鸡冠和肉髯发紫。后期可见震颤,转圈,眼和翅膀麻痹,头颈扭转,仰头呈观星状以及跛行等神经症状。面部肿胀也是本病的一个特征。产蛋鸡迅速减蛋,软壳蛋数量增多,很快绝产。

发生于有一定抗体水平的免疫鸡群,病情比较缓和,发病率和死亡率都不高。临床表现以呼吸道症状为主,病鸡张口呼吸,有“呼噜”声,咳嗽,口流黏液,排黄绿色稀粪,继而出现歪头,扭脖或呈仰面观星状等神经症状;成鸡产蛋量突然下降,并出现畸形蛋、软壳蛋和糙皮蛋。

3.病理变化

典型新城疫:剖检可见各处黏膜和浆膜出血,特别是腺胃乳头和贲门部出血。心包、气管、喉头、肠和肠系膜充血或出血。直肠和泄殖腔黏膜出血。卵巢坏死、出血,卵泡破裂性腹膜炎等。消化道淋巴结肿大、出血和溃疡是本病的一个突出特征。消化道出血病变主要分布于腺胃乳头,腺胃、肌胃交接部,十二指肠,盲肠扁桃体[在左右回盲口各一处,枣核样隆起,出血(而不是充血),坏死]。

非典型新城疫:剖检可见气管轻度充血,有少量黏液。鼻腔有卡他性渗出物。气囊混浊。

4.实验室诊断

病原学诊断:反转录-聚合酶链式反应(RT-PCR)。

血清学诊断:血凝及血凝抑制试验。

(二)鸡传染性支气管炎

鸡传染性支气管炎是由鸡传染性支气管炎病毒引起的鸡的一种急性、高度接触性呼吸道传染病。

1.流行病学特点

本病无季节性,雏鸡最易感。感染耐过鸡可长期带毒,成为主要的传染源。

2.临床症状

雏鸡：全群几乎同时突然发病。最初表现呼吸道症状，流鼻涕、流泪、鼻肿胀、咳嗽、打喷嚏、伸颈张口喘气。夜间听到明显嘶哑的叫声。缩头闭目、垂翅挤堆、食欲不振、饮欲增加。

产蛋鸡：表现轻微的呼吸困难、咳嗽、气管啰音，有"呼噜"声。精神不振、减食、拉黄色稀粪，症状不很严重，有极少数死亡。产蛋下降，并产软蛋和畸形蛋。

肾病变型：多发于20～50日龄的鸡。由于肾脏功能的损害，病鸡除有呼吸道症状外，还可引起肾炎和肠炎。排白色或绿色粪便，并含有大量尿酸盐。病鸡脱水，表现虚弱嗜睡，鸡冠褪色或呈紫蓝色。

3.病理变化

主要病变在呼吸道。在鼻腔、气管、支气管内，可见有淡黄色半透明的浆液性、黏液性渗出物，病程稍长的变为干酪样物质并形成栓子。气囊可能浑浊或含有干酪性渗出物。

产蛋母鸡卵泡充血、出血或变形；输卵管短粗、肥厚，局部充血、坏死。

肾病变型支气管炎除呼吸器官病变外，可见肾肿大、苍白，肾小管内尿酸盐沉积而扩张，肾呈花斑状，输尿管因尿酸盐沉积而变粗。心、肝表面也有沉积的尿酸盐，似一层白霜。有时可见法氏囊有炎症和出血症状。

4.实验室诊断

病原学诊断：反转录-聚合酶链式反应(RT-PCR)。

血清学诊断：血凝及血凝抑制试验。

(三)鸡传染性喉气管炎

鸡传染性喉气管炎是由鸡传染性喉气管炎病毒感染引起的一种急性呼吸道传染病。

1.流行病学特点

主要侵害鸡，不同年龄的鸡均易感，国内主要呈地方流行性。

2.临床症状

发病初期，常有数只病鸡突然死亡。患鸡初期有鼻液，半透明状，眼流泪，伴有结膜炎。其后表现为特征性呼吸道症状，呼吸时发出湿性啰音，咳嗽，有喘鸣音。高度呼吸困难，痉挛咳嗽，可咳出带血的黏液。若分泌物不能咳出堵住时，病鸡可窒息死亡。病鸡食欲下降或废绝，迅速消瘦，鸡冠发紫。有时还排出绿色稀粪。产蛋鸡的产蛋量迅速减少。

3.病理变化

本病主要典型病变在气管和喉部组织。病初黏膜充血、肿胀，高度潮红，有黏液，进而黏膜发生变性、出血和坏死，气管中有含血黏液或血凝块，气管管腔变窄，有黄白色纤维素性干酪样假膜。

4. 实验室诊断

血清学诊断：琼脂免疫扩散试验、酶联免疫吸附试验。

（四）传染性法氏囊病

传染性法氏囊病（IBD）是由传染性法氏囊病病毒引起的一种急性、高度传染性疾病。

1. 流行病学特点

自然条件下，主要感染鸡和火鸡。本病仅发生于 2～15 周龄的鸡，3～6 周龄为发病高峰期。该病潜伏期为 2～3 天。易感鸡群感染后发病突然，病程一般为 1 周左右，典型发病鸡群的死亡曲线呈尖峰式。

2. 临床症状

雏鸡突然发病，迅速波及全群。发病后 3～4 天死亡达到高峰，7～8 天后死亡停止。病初精神沉郁，采食量减少，饮水增多，有些自啄肛门，排白色水样稀粪，重者脱水，卧地不起，极度虚弱，最后死亡。耐过雏鸡贫血消瘦，生长缓慢。

3. 病理变化

法氏囊呈黄色胶冻样水肿，质硬，黏膜上覆盖有奶油色纤维素性渗出物。有时法氏囊黏膜严重发炎，出血，坏死，萎缩。另外，病死鸡表现脱水，腿和胸部肌肉常有出血，颜色暗红。肾肿胀，肾小管和输尿管充满白色尿酸盐。脾脏及腺胃和肌胃交界处黏膜出血。

4. 实验室诊断

病原学诊断：反转录-聚合酶链式反应（RT-PCR）。病料可采集具有病变的新鲜法氏囊。

血清学诊断：琼脂免疫扩散试验、酶联免疫吸附试验。

（五）鸡白痢

鸡白痢是由鸡白痢沙门氏菌引起的传染性疾病。

1. 流行病学特点

本病主要危害雏鸡，近年来青年鸡发病也呈上升趋势。病鸡排泄物是重要的传染来源，同时也可通过鸡蛋垂直传播。一年四季均可发生，呈地方流行。

2. 临床症状

雏鸡精神沉郁，排白色黏稠或淡黄、淡绿色稀便，肛门有时被硬结的粪块封闭，呼吸困难。

成年鸡无明显症状，常出现腹膜炎变化。

产蛋鸡可见卵巢萎缩，卵子变性，产蛋停止。

3.病理变化

雏鸡：主要病变可见肝脏、脾脏肿大、脆弱，有坏死点。肾脏暗红充血或苍白贫血。卵黄囊内有奶油状或干酪样黏稠物。肠道呈卡他性炎症，盲肠膨大。

成年鸡：卵泡萎缩、变形。有时卵黄破裂引起腹膜炎，伴以急性或慢性心包炎，肝脏极易破裂。

4.实验室诊断

酶联免疫吸附试验、PCR。

（六）禽痘

禽痘是由禽痘病毒引起的一种高度接触性传染病，可感染多种家禽。

1.流行病学特点

一年四季均可发生，但蚊虫多发季节较常见。该病传播较慢。多种禽类易感，但主要发生在鸡和火鸡。

2.临床症状

皮肤无毛部位形成痘疹，发痘仅限于皮肤，一般呈良性经过，死亡较少。

若出现结膜炎、失明或呼吸困难，易死亡。

3.病理变化

局灶性上皮组织增生隆起出血坏死。在咽喉部和气管内出现白色不透明结节，愈合后形成伪白喉或白喉样膜，剥离可见出血糜烂。

4.实验室诊断

琼脂免疫扩散试验、红细胞凝集抑制试验、酶联免疫吸附试验、PCR。

（七）鸡球虫病

鸡球虫病是由球虫寄生于鸡的肠道引起的寄生虫病。

1.流行病学特点

发病时间与气温和雨量的关系密切，多在温暖潮湿的月份流行。病鸡和带虫鸡为传染源，所有日龄和品种的鸡都有易感性。

2.临床症状

精神沉郁，羽毛蓬松。鸡冠和可视黏膜贫血、苍白，逐渐消瘦。病鸡下痢、血便，有大量脱落的肠黏膜。

3.病理变化

盲肠肿大，后期变硬，内有红色或红白相间的肠芯。

小肠至直肠部位浆膜面可见肠系膜血管和肠壁血管充血,肠道变细,肠壁变薄,呈粉红色至暗红色,肠黏膜出血,肠内容物以黏液和少量血液为主。

4.实验室诊断

采集发病动物的粪便,直接涂片检查球虫卵囊。

(八)鸡传染性鼻炎

鸡传染性鼻炎是由副鸡嗜血杆菌引起的鸡的急性呼吸系统疾病。

1.流行病学特点

病鸡和带菌鸡是主要传染源。多发生在育成鸡和成年鸡。主要通过被污染的饲料和饮水经消化道感染。多发生在寒冷季节。

2.临床症状

一般常见症状为鼻孔先流出清液以后转为浆液黏性分泌物,有时打喷嚏。脸肿胀或水肿。眼结膜炎,眼睑肿胀。食欲及饮水减少,或有下痢,体重减轻。病鸡精神沉郁,缩头呆立。仔鸡生长不良,成年母鸡产蛋减少,公鸡肉髯常见肿大。

3.病理变化

主要病变为鼻腔和鼻窦黏膜呈急性卡他性炎,黏膜充血肿胀,表面覆有大量黏液,窦内有渗出物凝块,后成为干酪样坏死物。常见卡他性结膜炎,结膜充血肿胀。脸部及肉髯皮下水肿。严重时可见气管黏膜炎症,偶有肺炎及气囊炎。

4.实验室诊断

酶联免疫吸附试验、血凝抑制试验。

(九)鸡白血病

鸡白血病是由禽白血病肉瘤病毒群中的病毒引起的鸡多种肿瘤性疾病的统称。能引起多种内脏器官发生肿瘤。可垂直传播。一旦发病无药可治,故也能造成较大的经济损失。

1.流行病学特点

鸡是禽白血病病毒的自然宿主。经卵垂直传播为主要传播方式。

2.临床症状

病鸡无特异的临诊症状。有的病鸡可能完全没有症状。许多患有肿瘤的病鸡表现不健壮或消瘦,头部苍白,由于肝部肿大而导致患鸡腹部增大。在成年鸡中以淋巴样肿瘤和产蛋量下降为特征。

3.病理变化

病鸡在许多组织中可见到淋巴瘤,以肝、肾、卵巢和法氏囊中最为常见。肿瘤病变呈白色到灰白色,可能是弥散性的,也可能是局灶性的。法氏囊切开后可见到小结节状病灶，但并不十分明显。

4. 实验室诊断

病毒分离、琼脂扩散试验。

四、常见猪病

（一）猪繁殖与呼吸综合征

本病是由猪繁殖与呼吸综合征病毒引起的一种可导致繁殖障碍和呼吸系统疾病的传染病，俗称蓝耳病。

1. 流行病学特点

本病为高度接触性传染病，呈地方流行性。传播迅速，主要经呼吸道感染，也可垂直传播，耐过猪可长期带毒和不断向体外排毒。主要侵害繁殖母猪和仔猪，育肥猪发病温和。

2. 临床症状

以妊娠母猪的繁殖障碍（流产、死胎、木乃伊胎），幼龄仔猪发生呼吸道症状为主要表现。

3. 病理变化

主要病变为肺弥漫性间质性肺炎，并伴有细胞浸润和卡他性肺炎区。

4. 实验室诊断

酶联免疫吸附试验。

（二）猪传染性胃肠炎

猪传染性胃肠炎是由猪传染性胃肠炎病毒引起的一种高度接触性肠道疾病。

1. 流行病学特点

病猪和带毒猪是本病的主要传染源。病毒可经消化道、呼吸道传播。发病高峰期为每年的冬季和春季。各年龄的猪均易感，但 10 日龄内仔猪病死率高，成年猪感染后几乎没有死亡。

2. 临床症状

仔猪突然呕吐，水样腹泻，粪便中常夹有未消化的凝乳块。两周龄内仔猪死亡率高。育肥猪和母猪严重腹泻，呈喷射状，但很少死亡。病猪极度口渴，明显脱水，体重迅速减轻。

3. 病理变化

尸体脱水明显。胃内充满凝乳块，胃底黏膜充血、出血。肠内充满白色或黄绿色液体，肠壁菲薄，肠管呈半透明状，肠系膜充血，淋巴结肿胀。

4.实验室诊断

酶联免疫吸附试验、PCR、血清中和试验。

(三)猪细小病毒病

猪细小病毒病是由猪细小病毒引起的一种猪的繁殖障碍病。

1.流行病学特点

没有明显季节性。常见于初产母猪，一般呈地方性流行或散发。

2.临床症状

怀孕母猪出现繁殖障碍，如流产、死胎、木乃伊胎、产后久配不孕等。

3.病理变化

母猪子宫内膜有轻微炎症，胎盘部分钙化，胎儿在子宫内有被溶解吸收的现象。

感染胎儿可见充血、出血、体腔积液、脱水、坏死等病变。

4.实验室诊断

PCR、酶联免疫吸附试验、血凝抑制试验。

(四)猪肺疫

猪肺疫又称猪巴氏杆菌病，是由多杀性巴氏杆菌引起的急性、热性、败血性传染病。

1.流行病学特点

一般为散发或地方流行。无明显季节性，但气候发生剧变及闷热潮湿时更易发生。不同日龄的猪均可感染，但常发生在断奶后的猪，特别是架子猪易感染。本病主要经消化道或呼吸道传播。本病菌为猪呼吸道内常在菌，在应激因素下，常导致内源性感染。

2.临床症状

体温高达41～42℃。咳嗽、呼吸困难，有时呈犬坐式呼吸。

口、眼等处可视黏膜发绀，颈下咽喉部坚硬、发热、红肿。

3.病理变化

淋巴结肿大出血。

肺急性水肿，切面呈大理石纹理。

黏膜、浆膜和皮下组织有大量出血点，咽喉部及周边结缔组织发生出血性浆液浸润。

心外膜和心包膜有小出血点，心包积液，内混有纤维素。

4.实验室诊断

间接血凝试验、琼脂扩散沉淀试验。

(五)猪圆环病毒病

猪圆环病毒病是指以2型圆环病毒(PCV-2)为主要病原、单独或继发、混合感染其他致病微生物的一系列疾病的总称。

1.流行病学特点

猪圆环病毒主要感染断奶后2～3周的仔猪,导致仔猪断奶后多系统衰竭综合征,哺乳猪很少发病。

保育和育肥猪主要发生猪皮炎-肾病综合征;后备母猪和新建的种猪群主要发生繁殖障碍。

2.临床症状

猪皮炎-肾病综合征常见猪皮肤上形成红色或紫色的斑块。

仔猪断奶后多系统衰竭综合征主要表现为生长发育不良、呼吸困难、腹泻,少数出现贫血、黄疸。

感染母猪出现繁殖障碍,仔猪断奶前死亡率高。

3.病理变化

典型死亡的猪尸体消瘦,有不同程度的贫血和黄疸。

淋巴结肿大,切面呈均质苍白色。

肺部有散在隆起的橡皮状硬块,严重病例肺泡出血。

胃在靠近食管区常有大片溃疡形成。

4.实验室诊断

PCR、酶联免疫吸附试验。

(六)猪副伤寒

猪副伤寒是由沙门氏菌引起的猪的传染病。

1.流行病学特点

本病常发生于6月龄以下的猪,特别是2～4月龄猪多见。一年四季均可发生,多呈散发,有时呈地方流行。病菌存在于病猪和健康猪的肠道中,通过粪便污染环境、饲料、饮水,再通过消化道感染。

2.临床症状

体温高达42℃,呼吸困难。

眼有黏性或脓性分泌物,角膜浑浊或形成溃疡。

皮肤表面可见绿豆大、干涸的浆性覆盖物。

先便秘,后腹泻,粪便呈粥样或水样,严重时肛门失禁,粪便自然下流。

3.病理变化

脾脏、淋巴结、肝、肾肿大。

以败血症、坏死性肠炎、肺炎为特征。

4.实验室诊断

PCR、酶联免疫吸附试验。

(七)猪附红细胞体病

附红细胞体病在我国已经有20余年的历史。近年猪的附红细胞体病有趋于严重的态势,很多猪场因此损失惨重。

1.流行病学特点

本病多经吸血昆虫和污染的针头、器械通过血液传播,也可经胎盘传染给仔猪。本病一年四季均可发生,但以夏秋季多发。

2.临床症状

本病以高热、贫血、黄疸为主要临床特征。体温升高,达40~42℃,稽留热。呼吸急促。两耳肿胀发绀,耳尖变干。可视黏膜苍白或黄染。病猪便秘,粪球覆有黏膜或黏液,严重时带血。后期尿液呈棕红色。初生仔猪急性发作,表现为高热,可视黏膜苍白,耳尖至全身发紫,出生1 h左右开始死亡,1~3天全窝死光。30日龄内仔猪呈亚急性经过。成年猪呈慢性经过。怀孕母猪多表现流产。母猪性行为丧失,生殖机能下降。

3.病理变化

急性死亡的猪血液稀薄,不易凝固。皮肤黏膜、浆膜黄染,胸腹部皮下脂肪轻度黄染。脾脏肿大,质软,表面有出血结节或坏死灶;胆囊肿大,胆汁黏稠;肺间质水肿、增生。

4.实验室诊断

PCR、酶联免疫吸附试验、间接血凝试验。

(八)猪流行性腹泻

猪流行性腹泻是由猪流行性腹泻病毒引起的高度接触性肠道传染病。

1.流行病学特点

本病只发生于猪,哺乳仔猪受害严重。病猪和带毒猪是主要传染源。经消化道传播。此病有一定季节性,多发生于12月至翌年2月的寒冬季节。

2.临床症状

主要症状为水样腹泻,或者在腹泻之间有呕吐。呕吐多发生在吃食或吃奶之后。症状随年龄大小有差异,年龄越小,症状越严重。病猪体温正常或略高。

3.病理变化

眼观症状仅限小肠,小肠扩张,内有黄色液体,小肠绒毛缩短,肠系膜充血、淋巴结水肿。

4.实验室诊断

酶联免疫吸附试验、血清中和试验。

五、常见牛羊病

(一)牛病毒性腹泻

牛病毒性腹泻是由牛病毒性腹泻病毒引起的牛的一种传染病,又称牛黏膜病。

1.流行病学特点

牛、羊等反刍动物和猪对牛病毒性腹泻病毒易感。患病动物和带毒动物是本病的主要传染源。各年龄的牛均可感染,以8月龄至2岁牛发病多见。肉牛比乳牛更为常见。本病常年均可发病,但冬季发病率明显增高。主要通过消化道和呼吸道感染,也可通过胎盘感染。

2.临床症状

多见于幼犊。突然发病,体温升高至40～42℃,持续4～7天。精神沉郁,厌食。鼻、眼有浆液性分泌物,鼻镜及口腔黏膜表面糜烂,咳嗽,流涎,呼气恶臭。发生特征性的严重腹泻,初时粪便稀薄如水,瓦灰色,有恶臭,混有黏液和小气泡,后期带有血液。母牛在妊娠期感染本病常发生流产。

3.病理变化

主要病变在消化道和淋巴组织。特征性损害是食管黏膜糜烂。肠壁水肿增厚,肠淋巴结肿大,小肠急性卡他性炎症,空肠、回肠较为严重,盲肠、结肠、直肠有卡他性、出血性、溃疡性及坏死性等不同程度的炎症。

趾间皮肤及全蹄冠有急性糜烂性炎症以至发展为溃疡及坏死。

4.实验室诊断

酶联免疫吸附试验、琼脂扩散试验。

(二)牛出血性败血病

牛出血性败血病是由多杀性巴氏杆菌引起的牛的急性、高度致死性、败血性传染病。

1.流行病学特点

主要感染黄牛、水牛,无明显季节性,一般为散发性或地方流行性。

2.临床症状

体温升高,可达41～42℃。呼吸高度困难,鼻流无色或带血泡沫。

腹痛下痢,粪便初为粥状,后为液状,恶臭。

舌及周围组织高度肿胀，舌伸出齿外，呈暗红色。

3.病理变化

淋巴结水肿，黏膜、皮下组织及肺组织出血。咽喉部、颈部、肢体部水肿切开后流出深黄色透明液体。

4.实验室诊断

PCR、间接血凝试验。

（三）牛流行热

牛流行热是由牛流行热病毒引起的牛的一种急性热性传染病。

1.流行病学特点

病牛是本病的传染源，吸血昆虫是重要的传播媒介。主要侵害3～5岁牛。该病流行具有明显的季节性，多发生于雨量多和气候炎热的6—9月。

2.临床症状

病初，病畜震颤，恶寒战栗，接着体温升高到40℃以上，眼睑、结膜充血，水肿。呼吸促迫。食欲废绝，反刍停止。粪便干燥，有时下痢。四肢关节浮肿疼痛，病牛呆立，跛行，以后起立困难而伏卧。流鼻液，口炎，显著流涎。妊娠母牛患病时可发生流产、死胎。乳量下降或泌乳停止。

3.病理变化

急性死亡多因窒息所致。剖检可见气管和支气管黏膜充血和点状出血，黏膜肿胀，气管内充满大量泡沫状黏液。肺显著肿大，有程度不同的水肿和间质气肿。全身淋巴结充血、肿胀或出血。真胃、小肠和盲肠黏膜呈卡他性炎和出血。其他实质脏器可见混浊肿胀。

4.实验室诊断

中和试验、补体结合试验、琼脂扩散试验、免疫荧光法。

（四）羊快疫

1.流行病学特点

发病羊多为6～18月龄、营养较好的绵羊，山羊较少发病。主要经消化道感染。腐败梭菌通常以芽孢的形式散布于自然界，特别是潮湿、低洼或沼泽地带。羊只采食污染的饲草或饮水，芽孢随之进入消化道，但并不一定引起发病。当存在诱发因素时，特别是秋冬或早春季节气候骤变、阴雨连绵之际，羊寒冷饥饿或采食了冰冻带霜的草料时，机体抵抗力下降，腐败梭菌即大量繁殖，产生外毒素，使消化道黏膜发炎、坏死并引起中毒性休克，使患羊迅速死亡。本病以散发性流行为主，发病率低而病死率高。

2. 临床症状

患羊往往来不及表现临床症状即突然死亡，常见在放牧时死于牧场或早晨发现死于圈舍内。病程稍缓者，表现为不愿行走，运动失调，腹痛、腹泻，磨牙，抽搐，最后衰弱昏迷，口流带血泡沫，多于数分钟或几小时内死亡，病程极为短促。

3. 病理变化

病死羊尸体迅速腐败臌胀。剖检见可视黏膜充血呈暗紫色。体腔多有积液。特征性表现为真胃出血性炎症，胃底部及幽门部黏膜可见大小不等的出血斑点及坏死区，黏膜下发生水肿。肠道内充满气体，常有充血、出血、坏死或溃疡。心内外膜可见点状出血。胆囊多肿胀。

4. 实验室诊断

细菌学检查、毒素检查。

（五）羊肠毒血症

1. 流行病学特点

本病发生有明显的季节性和条件性，多发于春末夏初青草萌发和秋季牧草结籽后的一段时期，见于3～12月龄膘情较好的羊。

2. 临床症状

本病的症状可见两种类型：一类以抽搐为特征，羊在倒毙前，四肢强烈划动，肌肉颤搐，眼球转动，磨牙，2～4 h内死亡。另一类以昏迷和静静死亡为特征，可见病羊步态不稳，以后卧地，并有感觉过敏，流涎，上下颌"咯咯"作响，继而昏迷，角膜反射消失，有的可见腹泻，3～4 h内静静地死去。

3. 病理变化

病变常见于消化道、呼吸道、心血管系统，心包内可见50～60 mL的灰黄色液体和纤维素絮块，肺充血水肿，肾脏像脑髓软化，肠道某些区段急性发红。

4. 实验室诊断

细菌学检查、毒素检查。

（六）羊猝狙

1. 流行病学特点

本病发生于成年绵羊，以1～2岁的绵羊发病较多。常见于低洼、沼泽地区。多发生于冬春季节。常呈地方流行性。

2. 临床症状

病羊常常当晚不见症状，次晨突然发现死于羊圈内。病程稍缓的病羊常呈现腹痛、腹胀、离群呆立，嚼食泥土或其他异物。病羊一般体温不高。病初粪球干小，濒死期发生肠鸣腹泻，排出黄褐色水样粪便，有时混有血丝或肠伪膜。有的卧地或独自奔跑，出现四肢滑动、全身颤抖、眼球转动、磨牙、头颈向后弯曲等神经症状。最后口鼻流沫，常于昏迷中死亡。

3.病理变化

剖检病死的羊，可见十二指肠和空肠黏膜严重充血糜烂，个别区段可见大小不等的溃疡灶；体腔积液，暴露于空气后形成纤维素絮块；浆膜上可见有小出血点。

4.实验室诊断

细菌学检查、毒素检查。

（七）羔羊痢疾

1.流行病学特点

本病主要危害7日龄以内的羔羊，其中又以2～3日龄的发病最多，7日龄以上的很少患病。传染途径主要是通过消化道，也可能通过脐带或创伤。

2.临床症状

自然感染的潜伏期为1～2天，病初精神委顿，低头拱背，不想吃奶。不久就发生腹泻，粪便恶臭，有的稠如面糊，有的稀薄如水，到了后期，有的还含有血液，直到成为血便。病羔逐渐虚弱，卧地不起。若不及时治疗，常在1～2天内死亡。

羔羊以神经症状为主者，四肢瘫软，卧地不起，呼吸急促，口流白沫，最后昏迷，头向后仰，体温降至常温以下，常在数小时到十几小时内死亡。

3.病理变化

尸体脱水现象严重。最显著的病理变化在消化道。第四胃内有未消化的凝乳块。小肠（特别是回肠）黏膜充血发红，溃疡周围有一出血带环绕；有的肠内容物呈血色。肠系膜淋巴结肿胀充血，间或出血。

4.实验室诊断

细菌学检查、毒素检查。

（八）山羊关节炎-脑炎

山羊关节炎-脑炎是由山羊关节炎-脑炎病毒引起的山羊的慢性病毒性传染病。

1.流行病学特点

自然条件下，绵羊不感染，以成年山羊感染居多。

2.临床症状

成年山羊呈缓慢发展的关节炎，间或伴有间质性肺炎和间质性乳房炎；2～6

月龄羔羊呈现脑脊髓炎症状。

3. 病理变化

关节及周围软组织肿胀，关节腔扩大。肺脏轻度肿大，质地较硬。除乳房炎病例外，乳房大体结构正常。

4. 实验室诊断

酶联免疫吸附试验、琼脂扩散试验。

（九）山羊传染性胸膜肺炎

山羊传染性胸膜肺炎又称“烂肺病”，是由山羊支原体山羊肺炎亚种引起的高度接触性传染病。

1. 流行病学特点

本病自然条件下只发生于山羊，多发生于冬季和早春。

2. 临床症状

以高热、咳嗽、纤维素性肺炎和胸膜肺炎为特征。体温高达41℃以上，呼吸加快，浆性或脓性鼻液黏附于鼻孔和上唇，结成棕色痂垢。叩诊肺部有浊音及实音区。

3. 病理变化

多见一侧肺发生明显的浸润和肝变，支气管淋巴结、纵隔淋巴结肿大。胸膜与胸壁发生粘连。

4. 实验室诊断

PCR、间接血凝试验。

（十）羊沙门氏菌病

羊沙门氏菌病是由鼠伤寒沙门氏菌、羊流产沙门氏菌、都柏林沙门氏菌引起的羊的一种传染病。

1. 流行病学特点

断乳不久的羊最易感。本病一年四季均可发生，育成羊常于夏季和早秋发病，孕羊主要在晚冬、早春季节发生。

2. 临床症状

体温升高到41～42℃，精神沉郁。羊发生下痢，排出大量灰黄色糊状粪便，迅速出现脱水症状。孕羊流产多见于妊娠的最后两个月。

3. 病理变化

肠系膜淋巴结肿大充血，脾脏充血，组织水肿，急性子宫炎。

4.实验室诊断

酶联免疫吸附试验。

（十一）绵羊痘和山羊痘

绵羊痘病毒和山羊痘病毒均为痘病毒科山羊痘病毒属的成员。该病毒是一种亲上皮性的病毒，大量存在于病羊的皮肤、黏膜的丘疹、脓疱及痂皮内。

1.流行病学特点

在自然条件下，绵羊痘主要感染绵羊，山羊痘则可感染山羊和绵羊。本病流行于冬末春初。

2.临床症状

病羊体温升高到40℃以上。痘疹多见于无毛部或被毛稀少部位。在发痘过程中，如没有其他病菌继发感染，脓疱破溃后逐渐干燥，形成痂皮。

3.病理变化

特征性病变是在咽喉、气管、肺和第四胃等部位出现痘疹。肺的病变与腺瘤很相似。气管黏膜及某些实质器官，如心脏、肾脏等形成灰白色扁平或半球形的结节。

4.实验室诊断

病毒中和试验。

六、外来病

外来病是在国外存在或流行，在国内尚未证实存在的动物疫病。

（一）非洲猪瘟

非洲猪瘟是由非洲猪瘟病毒引起的一种急性、热性、传染性很高的疾病。

1.流行病学特点

猪与野猪对本病毒具有自然易感性，病猪、康复猪和隐性感染猪为主要传染源。

2.临床症状

最急性时会出现未见任何症状突然死亡的现象，有时可见体温升至41～42℃，呼吸急促，病猪死亡率可达100%。

皮肤出血发绀，病后期常发生严重的出血性肠炎，出现腹泻和血便。

3.病理变化

淋巴结出血，心包液特别多，喉、会厌有瘀斑、充血及扩散性出血，在耳、鼻、腋下、会阴、尾、脚无毛部分呈界线明显的紫色斑。

4.实验室诊断

1)样品采集

血清学检测可采集被检猪血液,分离血清。

病原学检测可采集肺、扁桃体、淋巴结和脾等各种组织样品。

2)常用诊断方法

酶联免疫吸附试验。

(二)猪塞尼卡病毒病

塞尼卡病毒感染猪,能够引发猪原发性水疱病。

1.流行病学特点

本病的发病率和死亡率受猪群年龄、来源和地理分布等因素影响。在新生仔猪中所致发病率和死亡率很高,特别是1～4日龄仔猪,发病率达70%,死亡率达15%～30%,在仔猪群中出现临床症状和高死亡率的情况可持续2～3周。当母猪出现水疱性临床症状后,新生仔猪才开始死亡。但也有发现仔猪出现临床症状先于母猪临床症状的报道。

2.临床表现

猪感染后通常表现为急性、自限性水疱症状。临床表现为采食量下降,之后鼻吻出现水疱性病变,可见一个或多个大小不一、充满液体的囊泡;泡破裂后发展成溃疡病变,在感染后10～15天形成厚痂。水疱及溃疡病变导致上皮疏松坏死,严重者跛行,站立困难。有些母猪腹部和乳房部出现红色斑点。部分跛行的母猪体温可达41℃。新生仔猪体态虚弱,嗜睡,不愿吸乳,并出现急性死亡。在蹄掌部可见化脓性小疱。

3.未来防控应对思考

本病所致猪水疱性临床症状与口蹄疫等水疱性疫病相似,应建立健全我国动物水疱性疫病诊断处置方案,提高各级兽医主管部门和动物疫病预防控制机构对水疱性疫病的认识和鉴别判断能力。

做好追溯研究,加强主动监测,为下一步制定防控及净化策略提供参考。

加强饲养管理,提高生物安全水平。

(三)猪德尔塔冠状病毒病

猪德尔塔冠状病毒病是近几年新发现的呈世界流行性的由猪德尔塔冠状病毒引起的猪肠道疾病。该病呈现上升趋势且呈世界流行性,给猪场造成一定的经济损失，应引起高度重视。

1.流行病学特点

德尔塔冠状病毒可感染鸟类和哺乳动物。在春末夏初天气转暖时病毒的检出率呈逐渐减少趋势，流行可能具有一定的季节性。

各年龄段的猪群均易感，但主要引起新生仔猪的腹泻。仔猪一旦感染其发病突然、传播迅速，一般持续腹泻3～4天会因脱水而死，病死率30%～40%，但有时可高达100%。生长猪、成年猪及生产母猪虽然发病轻微，一般可不治自愈，死亡率较低，但其生产性能、饲料报酬会受到严重影响。

2.临床症状

本病与猪流行性腹泻和猪传染性胃肠炎等造成的临床症状极为相似，只是轻微些，临床上难以区分，需通过实验室手段进行鉴别诊断。本病的主要临床症状为呕吐、水样腹泻、脱水和食欲下降等。还可引起感染猪的肺炎。

3.病理变化

肠壁变薄、松弛，盲肠、结肠扩张，肠腔内充满黄色液体，胃和小肠内有未消化的凝乳块，严重者还可观察到腹腔、胸腔积水，胸腺萎缩。小肠黏膜充血、出血，肠系膜呈索状充血等。有时肺脏也会出现明显的病变。

4.实验室诊断

病原学检测和抗体检测。

第七节　疫情处置相关实用技术

一、动物疫情定义

《重大动物疫情应急条例》第一章第二条规定：

重大动物疫情是指高致病性禽流感等发病率或者死亡率高的动物疫病突然发生，迅速传播，给养殖业生产安全造成严重威胁、危害，以及可能对公众身体健康与生命安全造成危害的情形，包括特别重大动物疫情。

《国家突发重大动物疫情应急预案》总则1.3规定：

根据突发重大动物疫情的性质、危害程度、涉及范围，将突发重大动物疫情划分为特别重大（Ⅰ级）、重大（Ⅱ级）、较大（Ⅲ级）和一般（Ⅳ级）四级。

二、动物疫情管理原则

《重大动物疫情应急条例》总则第四条规定：

重大动物疫情应急工作按照属地管理的原则，实行政府统一领导、部门分工负责，逐级建立责任制。

县级以上人民政府兽医主管部门具体负责组织重大动物疫情的监测、调查、控制、扑灭等应急工作。

县级以上人民政府林业主管部门、兽医主管部门按照职责分工，加强对陆生野生动物疫源疫病的监测。

县级以上人民政府其他有关部门在各自的职责范围内，做好重大动物疫情的应急工作。

三、动物疫情报告制度

（一）报告主体

《中华人民共和国动物防疫法》第三章第二十六条规定：

从事动物疫情监测、检验检疫、疫病研究与诊疗以及动物饲养、屠宰、经营、隔离、运输等活动的单位和个人，发现动物染疫或者疑似染疫的，应当立即向当地兽医主管部门、动物卫生监督机构或者动物疫病预防控制机构报告，并采取隔离等控制措施，防止动物疫情扩散。其他单位和个人发现动物染疫或者疑似染疫的，应当及时报告。

（二）报告形式

根据《突发高致病性禽流感应急实施方案》2.3.2 的相关规定：

各级动物防疫监督机构应按国家有关规定报告疫情；其他责任报告单位和个人以电话或书面形式报告。

（三）报告内容

《重大动物疫情应急条例》第十八条规定重大动物疫情报告包括下列内容：

（1）疫情发生的时间、地点；

（2）染疫、疑似染疫动物种类和数量、同群动物数量、免疫情况、死亡数量、临床症状、病理变化、诊断情况；

（3）流行病学和疫源追踪情况；

（4）已采取的控制措施；

（5）疫情报告的单位、负责人、报告人及联系方式。

四、重大动物疫情的认定

《中华人民共和国动物防疫法》第三章第二十七条规定：

动物疫情由县级以上人民政府兽医主管部门认定；其中重大动物疫情由省、自治区、直辖市人民政府兽医主管部门认定，必要时报国务院兽医主管部门认定。

五、动物疫情认定流程

《重大动物疫情应急条例》第十七条规定了动物疫情的认定流程：

县（市）动物防疫监督机构接到报告后，应当立即赶赴现场调查核实。初步认为属于重大动物疫情的，应当在 2 小时内将情况逐级报省、自治区、直辖市动物防疫监督机构，并同时报所在地人民政府兽医主管部门；兽医主管部门应当及时通报同级卫生主管部门。

省、自治区、直辖市动物防疫监督机构应当在接到报告后 1 小时内，向省、自治区、直辖市人民政府兽医主管部门和国务院兽医主管部门所属的动物防疫监督机构报告。

省、自治区、直辖市人民政府兽医主管部门应当在接到报告后 1 小时内报本级人民政府和国务院兽医主管部门。

重大动物疫情发生后，省、自治区、直辖市人民政府和国务院兽医主管部门应当在 4 小时内向国务院报告。（图 4.33）

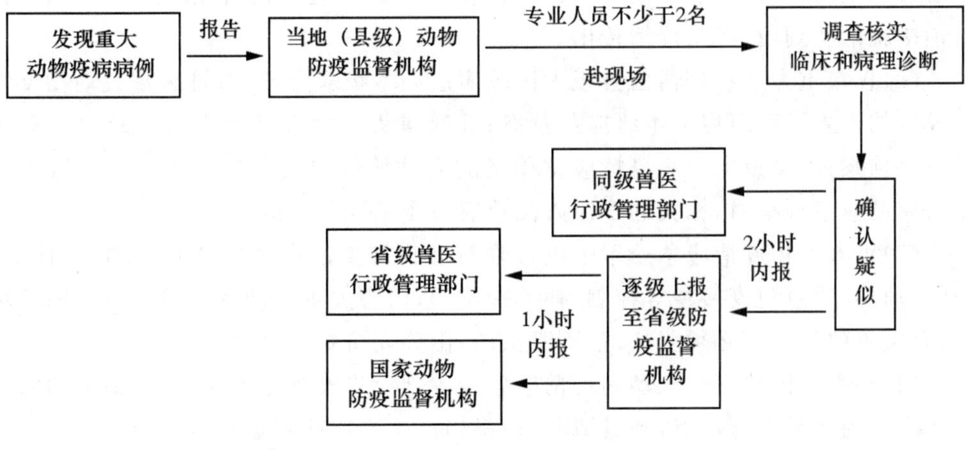

图 4.33　疫情认定流程图

六、重大动物疫情报告期间

《重大动物疫情应急条例》第二十五条、《河北省重大动物疫情应急条例》第二十二条规定：

在重大动物疫情报告期间，有关动物防疫监督机构应当立即对疑似重大动物疫情的疫点采取以下临时隔离控制措施：

(1)严禁动物、动物产品及受污染或者可能受污染的物品移出；

(2)进行全面严格消毒；

(3)限制人员、车辆出入，并对出入人员及车辆严格消毒；

(4)进行流行病学调查；

(5)需要采取的其他措施。

必要时，当地县级以上地方人民政府可以作出封锁决定并采取扑杀、销毁等措施。有关单位和个人应当执行。

七、确定动物疫情后

《河北省重大动物疫情应急条例》第二十五条至三十一条规定：

(1)重大动物疫情确定后，疫情发生地的县级以上人民政府畜牧兽医主管部门应当按国务院兽医主管部门规定的标准，立即划定疫点、疫区和受威胁区，调查疫源，并根据应急预案分级响应的规定，向本级人民政府提出启动动物疫情应急指挥系统、应急预案和对疫区实行封锁的建议。有关人民政府应当立即作出决定。决定对疫区实行封锁的，应当发布封锁令。各有关部门应当在封锁令发布后迅速将封锁措施落实到位，严防疫情传出。

(2)Ⅳ级重大动物疫情由县级人民政府启动本级应急预案；Ⅲ级重大动物疫情由设区的市人民政府启动本级应急预案；Ⅱ级重大动物疫情由省人民政府启动本级应急预案；Ⅰ级重大动物疫情应急预案的启动按国家有关规定执行。上级人民政府启动应急预案时，相关的下级人民政府应当启动本级应急预案。

(3)重大动物疫情应急处理中设置临时动物检疫消毒站以及采取隔离、扑杀、销毁、消毒、紧急免疫接种等控制、扑灭措施的，由有关重大动物疫情应急指挥部决定，有关单位和个人必须服从；拒不服从的，由公安机关协助执行。

(4)县级人民政府重大动物疫情应急指挥部应当安排专人对扑杀、销毁动物及动物产品的数量进行清点，开具清单，由畜(货)主签字或者盖章。

(5)任何单位和个人不得藏匿、转移、盗掘被依法隔离、封存、处理的动物及动物产品。

(6)对疫区、受威胁区内易感染的动物免费实行紧急免疫接种；对因防控重大动物疫情采取扑杀、销毁等措施，给当事人造成经济损失的，有关人民政府应当按国家规定给予合理补偿，并及时支付给畜(货)主。

八、应急处理人员的安全防护

《国家突发重大动物疫情应急预案》第4.3条中规定：

要确保参与疫情应急处理人员的安全。针对不同的重大动物疫病，特别是一些重大人畜共患病，应急处理人员还应采取特殊的防护措施。

九、终止动物疫情应急响应，撤销封锁

《国家突发重大动物疫情应急预案》第4.4条、《重大动物疫情应急条例》第四十条规定了终止应急响应和撤销封锁应具备的条件：

疫区内所有的动物及其产品按规定处理后，经过该疫病的至少一个最长潜伏期无新的病例出现，彻底消毒后，由原发布封锁令的人民政府兽医行政管理部门对疫情控制情况进行评估，提出终止应急措施的建议，按程序报批宣布，经上一级动物防疫监督机构验收合格，由原发布封锁令的人民政府宣布解除封锁，撤销疫区；由原批准机关撤销在该疫区设立的临时动物检疫消毒站。

十、撤销后注意事项

《河北省重大动物疫情应急条例》第三十八条至三十九条规定：

疫区解除封锁后，当地动物防疫监督机构应当按有关规定继续对疫点和疫区进行持续监测。

疫情应急工作结束后，县级以上人民政府畜牧兽医主管部门应当组织有关单位和人员对疫情处理情况进行评估，写出评估报告，报本级人民政府和省人民政府畜牧兽医主管部门。评估的主要内容包括：

(1)疫情基本情况；

(2)疫情发生经过、现场调查及实验室检测结果；

(3)疫情发生的主要原因、疫源追踪结论；

(4)疫情处理经过、采取的应急措施及效果；

(5)应急处理过程中存在的问题及改进的建议。

十一、几种动物疫情

(一)口蹄疫疫情

1.口蹄疫疫情级别的划分

农业部《口蹄疫防控应急预案》2.3 规定：

口蹄疫疫情分为四级。

(1)有下列情况之一的,为Ⅰ级(特别重大)疫情：

在 14 日内,5 个以上(含)省份连片发生疫情。

20 个以上县(区)连片发生,或疫点数达到 30 个以上。

农业部认定的其他特别严重的口蹄疫疫情。

(2)有下列情况之一的,为Ⅱ级(重大)疫情：

在 14 日内,在一个省级行政区域内有 2 个以上(含)相邻地(市)的相邻区域或者 5 个以上(含)县(区)发生疫情;或有新的口蹄疫亚型病毒引发的疫情。

农业部认定的其他重大口蹄疫疫情。

2.口蹄疫疑似疫情处置方法

《河北省重大动物疫情应急条例》第三章第二十二条规定：

在重大动物疫情报告期间,有关动物防疫监督机构应当立即对疑似重大动物疫情的疫点采取以下临时隔离控制措施：

(1)严禁动物、动物产品及受污染或者可能受污染的物品移出；

(2)进行全面严格消毒；

(3)限制人员、车辆出入,并对出入人员及车辆严格消毒；

(4)进行流行病学调查；

(5)需要采取的其他措施。必要时,当地县级以上人民政府可以作出封锁决定并采取扑杀、销毁等措施。有关单位和个人应当执行。

3.口蹄疫疫点、疫区、受威胁区的划分

农业部《口蹄疫防控应急预案》4.2 规定：

疫点为发病动物或野生动物所在的地点。相对独立的规模化养殖场/户,以病畜所在的养殖场/户为疫点;散养畜以病畜所在的自然村为疫点;放牧畜以病畜所在的牧场、野生动物驯养场及其活动场地为疫点;病畜在运输过程中发生疫情,以运输病畜的车、船、飞机等为疫点;在市场发生疫情,以病畜所在市场为疫点;在屠宰加工过程中发生疫情,以屠宰加工厂(场)为疫点。

疫区由疫点边缘向外延伸 3 公里内的区域。新的口蹄疫亚型病毒引发疫情时，疫区范围为疫点边缘向外延伸 5 公里的区域。

受威胁区由疫区边缘向外延伸 10 公里的区域。新的口蹄疫亚型病毒引发疫情时，受威胁区范围为疫区边缘向外延伸 30 公里的区域。

在划定疫区、受威胁区时，应考虑当地饲养环境、天然屏障（如河流、山脉等）、人工屏障（道路、围栏等）、野生动物栖息情况，以及疫情溯源和分析评估结果。

4. 确诊为口蹄疫疫情后，应立即启动相应级别的应急预案，对疫点、疫区分别采取相应措施

农业部《口蹄疫防控应急预案》4.3、4.4、4.5、4.6 规定：

1）封锁

疫情发生所在地县级以上兽医主管部门报请同级人民政府对疫区实行封锁，人民政府在接到报告后，应在 24 小时内发布封锁令。

跨行政区域发生疫情时，由共同上一级兽医行政主管部门报请同级人民政府对疫区实行封锁，或者由各有关行政区域的上一级人民政府共同对疫区实行封锁。必要时，上级人民政府可以责成下级人民政府对疫区实行封锁。

2）对疫点采取的措施

扑杀并销毁疫点内所有病畜及同群畜，并对病死畜、被扑杀畜及其产品按国家规定标准进行无害化处理。

对被污染或可疑污染的粪便、垫料、饲料、污水等按规定进行无害化处理。

对被污染或可疑污染的交通工具、用具、圈舍、场地进行严格彻底消毒。

对发病前 14 天售出的家畜及其产品进行追踪，并作扑杀和无害化处理。

3）对疫区采取的措施

在疫区周围设立警示标志，在出入疫区的交通路口设置动物检疫消毒站，执行监督检查任务，对出入人员和车辆及有关物品进行消毒。

对疫区内的易感动物进行隔离饲养，加强疫情持续监测和流行病学调查，积极开展风险评估，并根据易感动物的免疫健康状况开展紧急免疫，建立完整的免疫档案。一旦出现临床症状和监测阳性，立即按国家规定标准实施扑杀并作无害化处理。

对排泄物或可疑受污染的饲料和垫料、污水等按规定进行无害化处理；可疑被污染的物品、交通工具、用具、圈舍、场地进行严格彻底消毒。

对交通工具、圈舍、用具及场地进行彻底消毒。

关闭生猪、牛、羊等牲畜交易市场，禁止易感动物及其产品出入疫区。

4)对受威胁区采取的措施

根据易感动物的免疫健康状况开展紧急免疫，并建立完整的免疫档案。加强对牲畜养殖场、屠宰场、交易市场的监测，及时掌握疫情动态。

(二)高致病性禽流感疫情

1.高致病性禽流感疫情诊断4级程序

《全国高致病性禽流感应急预案》“二、疫情确认”规定：

高致病性禽流感疫情按程序认定。

(1)动物防疫监督机构接到疫情报告后，立即派出2名以上具备相关资格的防疫人员到现场进行临床诊断，提出初步诊断意见；

(2)对怀疑为高致病性禽流感疫情的，及时采集病料送省级动物防疫监督机构实验室进行血清学检测(水禽不能采用琼脂扩散试验)，诊断结果为阳性的，可确认为高致病性禽流感疑似病例；

(3)对疑似病例必须派专人将病料送国务院畜牧兽医行政管理部门指定的实验室做病毒分离与鉴定，进行最终确诊；

(4)国务院畜牧兽医行政管理部门根据最终确诊结果，确认高致病性禽流感疫情，并予公布。

2.发生高致病性禽流感疫情时疫点、疫区、受威胁区的划定

《全国高致病性禽流感应急预案》“五、控制措施”规定：

(1)将病禽所在禽场(户)或其他有关屠宰、经营单位划为疫点；散养的，将病禽所在自然村划为疫点；

(2)以疫点为中心，将半径3公里内的区域划为疫区；

(3)将距疫区周边5公里内的区域划为受威胁区。

3.发生高致病性禽流感疫情时应采取的应急处理措施

《全国高致病性禽流感应急预案》“五、控制措施”规定：

1)疫点内应采取的措施

(1)扑杀所有的禽只，并对所有病死禽、被扑杀禽及其禽类产品按国家规定标准进行无害化处理；

(2)对禽类排泄物、被污染饲料、垫料、污水等进行无害化处理；

(3)对被污染的物品、交通工具、用具、禽舍、场地进行严格彻底消毒，并消灭病原。

2)疫区内应采取的措施

(1)在疫区周围设置警示标志，在出入疫区的交通路口设置动物检疫消毒站，

对出入的车辆和有关物品进行消毒。必要时,经省级人民政府批准,可设立临时监督检查站,执行对禽类的监督检查任务;

(2)扑杀疫区内所有禽类;

(3)关闭禽类产品交易市场,禁止易感染活禽进出和易感染禽类产品运出;

(4)对禽类排泄物、被污染饲料、垫料、污水等按国家规定标准进行无害化处理;

(5)对被污染的物品、交通工具、用具、禽舍、场地进行严格彻底消毒,并消灭病原;

(6)根据需要,由县级以上人民政府决定对疫区实行封锁。

3)受威胁区应采取的措施

(1)对所有易感染禽类采用国家批准使用的疫苗进行紧急强制免疫接种,并建立完整的免疫档案;

(2)对禽类实行疫情监测,掌握疫情动态。

(三)高致病性猪蓝耳病疫情

《高致病性猪蓝耳病防治技术规范》4.2.3、4.2.4 和 4.2.5 规定,发生高致病性猪蓝耳病后,应采取以下措施:

1.疫点应采取的措施

扑杀所有病猪和同群猪,对病死猪、排泄物、被污染饲料、垫料、污水等进行无害化处理,对被污染的物品、交通工具、用具、猪舍、场地等进行彻底消毒。

2.疫区应采取的措施

对被污染的物品、交通工具、用具、猪舍、场地等进行彻底消毒;对所有生猪用高致病性猪蓝耳病灭活疫苗进行紧急强化免疫,并加强疫情监测。

3.受威胁区应采取的措施

对受威胁区所有生猪用高致病性猪蓝耳病灭活疫苗进行紧急强化免疫,并加强疫情监测。

(四)动物 H7N9 疫情

农业部公告第 2516 号要求:

经国家参考实验室或省级动物疫病预防控制机构检测为 H7N9 流感病原学阳性的,应对病原学阳性禽群进行扑杀和无害化处理;确诊为 H7N9 变异毒株或有高致病性症状的,应对病原学阳性禽场的所有禽只进行扑杀和无害化处理。同时,当地兽医主管部门应对有流行病学关联的禽群和阳性场点周边家禽养殖场(户)开展风险评估,根据实际情况确定扑杀范围。对血清学阳性但病原学阴性的禽群,应实施就近屠宰或扑杀处理,活禽不得上市流通和继续饲养。省级动物疫病预防控制机构要及时将 H7N9 流感病原学阳性样品送国家禽流感参考实验室。

根据河北省文件精神:变异的 H7N9 视为高致病性禽流感,3 公里范围内扑杀。

根据《河北省 H7N9 禽流感检测阳性处置流程(暂行)》的规定,各级动物疫病预防控制机构日常检测出动物 H7N9 禽流感阳性后的处置流程,请参照图 4.34。

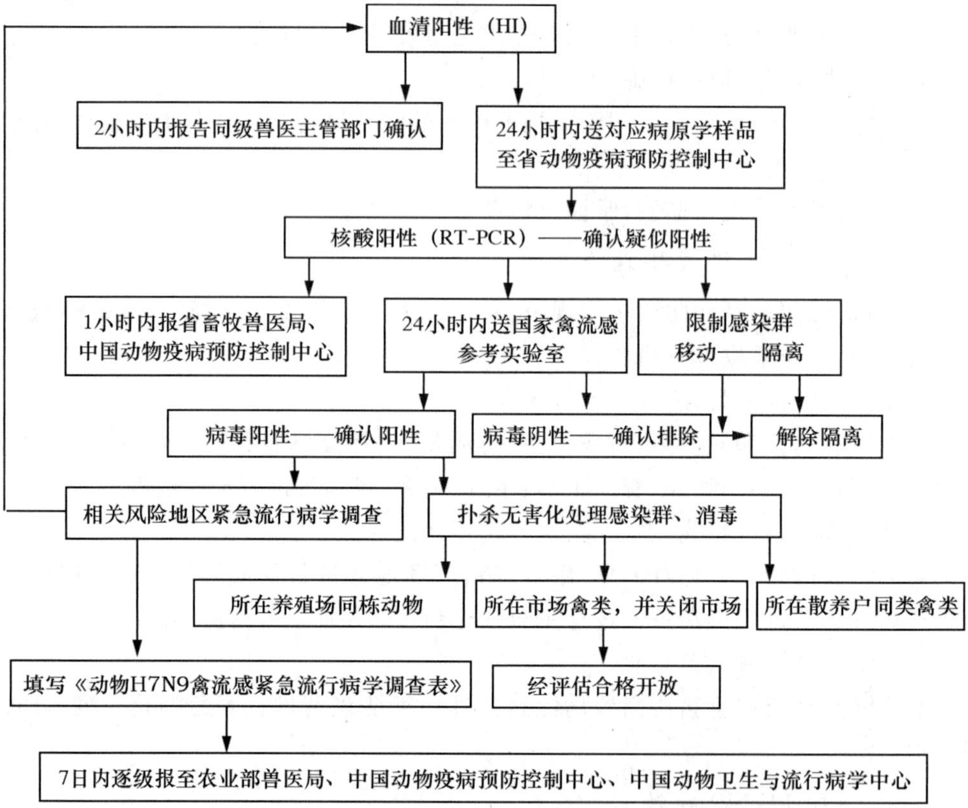

图 4.34　动物 H7N9 流感检测阳性应急处置流程图

附录　国家法律法规规范与标准名录

第一部分　法律

1.中华人民共和国动物防疫法
2.中华人民共和国传染病防治法

第二部分　法规

1.重大动物疫情应急条例
2.国家突发重大动物疫情应急预案
3.动物疫情报告管理办法
4.病死及死因不明动物处置办法(试行)
5.动物防疫条件审核管理办法
6.畜禽标识和养殖档案管理办法
7.病原微生物实验室生物安全管理条例
8.河北省动物消毒管理办法
9.河北省动物防疫条例
10.河北省动物饲养场防疫管理办法
11.河北省实施《重大动物疫情应急条例》办法
12.河北省动物重点疫病预防控制扑灭管理办法
13.河北省动物饲养场防疫管理办法
14.中华人民共和国兽药管理条例
15.兽用生物制品经营管理办法
16.兽药经营质量管理规范
17.河北省兽药经营质量管理规范实施细则

第三部分　规范与标准

1.动物防疫证照填写及应用规范
2.高致病性禽流感防治技术规范
3.高致病性禽流感疫情处置技术规范

4.布鲁氏菌病防治技术规范
5.狂犬病防治技术规范
6.牛结核病防治技术规范
7.猪伪狂犬病防治技术规范
8.牲畜口蹄疫防治技术规范
9.国家动物疫情测报体系管理规范

第四部分　相关文件

1.国务院关于推进兽医管理体制改革的若干意见
2.河北省人民政府关于推进兽医管理体制改革的实施意见
3.关于建立健全乡镇动物防疫体系的意见
4.关于建立健全动物防疫体系的实施意见
5.邯郸市人民政府办公厅关于建立健全村级动物防疫协助员队伍的实施意见
6.规模饲养场消毒制度
7.规模饲养场动物防疫制度
8.规模饲养场兽医人员岗位职责
9.规模饲养场兽医室工作制度
10.邯郸市基层动物防疫监督站学习培训制度
11.邯郸市基层动物防疫监督站财务管理制度
12.邯郸市基层动物防疫监督站动物疫情报告制度
13.邯郸市基层动物防疫监督站档案资料管理制度
14.农业农村部公告(第2号)自2018年5月2日起实施
15.畜间布鲁氏菌病防治与净化方案(征求意见稿)
16.河北省农业厅关于加快推进兽医社会化服务工作的指导意见
17.河北省兽用抗菌药使用减量化试点建设实施方案(2018—2021)(讨论稿)

参 考 文 献

[1] 黄保续.兽医流行病学[M].北京:中国农业出版社,2009.

[2] M. D. Salman. 动物疫病调查与监测:方法和应用[M].北京:中国农业出版社,2017.

[3] 徐百万.动物疫病监测技术手册[M].北京:中国农业出版社,2010.

[4] 中国动物疫病预防控制中心.村级防疫员动物免疫技术简明实用手册[M].北京:中国农业出版社,2008.

[5] 中国动物疫病预防控制中心.村级动物防疫员技能培训教材[M].北京:中国农业出版社,2015.

[6] 王斌,宋金祥.最新鸡病实用诊断与防治[M].石家庄:河北科学技术出版社,2003.

[7] 王扬伟.猪病门诊实用技术[M].郑州:河南科学技术出版社,2005.

[8] 刘世堂.实用羊病防治大全[M].长春:延边人民出版社,2003.

[9] 张振兴,姜平.兽医消毒学[M].北京:中国农业出版社,2009.